実践！正しい設計プロセス DRBFM・DR・検図を活用して、設計品質を向上させる

中山聡史

日刊工業新聞社

はじめに

昨今の製品を見ていると、製品構造が複雑化し、市場から多くの機能を求められ、単純な製品が少なくなってきているように感じる。しかし、日本の製造業では単純な機能を設計していた時代と変わらない設計開発手法で設計している。そのため、設計者のレベルによって、製品品質が左右される状況になってしまっている。昔からの設計開発手法で大幅に変更されたのは、CADやPDMといった図面に関するシステムくらいではないだろうか。このような設計開発手法では、いつまでたっても生産性が上がらず、設計者だけが苦労する状態が続いてしまうだろう。

かつて、製造工程の改善では「検査重点主義」から「工程重点主義」に置き変わり、「品質は工程で造り込む」を合言葉に様々な製造工程の改善が行われてきた。代表的なものはトヨタ生産方式（TPS）だろう。ムダな工程を削減し、自働化と共に生産効率を最大化させる取り組みが今でも続いている。では設計開発工程はどうだろうか。先述したように工程の改善が行われることなく、設計者の力に頼っているのが現状である。

このような状態をいつまで続けることができるだろうか。今よりさらに製品機能が複雑化し、システム化により、機械構造だけではなく多くのセンサと共に制御や、さらに高い設計開発能力が必要となる。今までと同じ設計開発手法でよいはずがない。現在の状況はどちらかといえば「検査重点主義の品質保証」であり、各ドキュメントの精査、検図によって、品質を保証しているような状態である。このような状態では、大きなミスや不具合が発生した時に、原因調査を含め解決策を検討できるのが、その製品を担当した設計者だけになってしまい、特定の設計者に大きな負担がかかってしまう。

この複雑な製品の設計開発を効率よく実現可能にするためには、日本が世界とも並び、大きな優位性をもつ「工程重点主義」に移行しなければならない。

設計開発は「品質は工程で造り込む」ということを念頭に置き、「品質は工程で造り込む」＝「新しい設計開発プロセスを構築していく」ことが必要となるのだ。

製品の品質が設計者のレベルによって左右されるのではなく、正しい設計開発プロセスに沿って進めることにより、品質が造り込まれる状況を構築しなければならない。簡単に言えば、自働化と同じ考え方で、設計開発内容に少しでも問題があれば、工程を止める。止めた上で問題点を洗い出し、設計者のみではなく、様々な部門と協力しながら解決する。この「工程を止める」という考え方が重要であり、止めることができる設計開発プロセスを構築しなければならない。そうすることによって、決められた設計開発工程で品質が造り込まれていくので、設計者だけに負荷が偏ることがなく、様々なメンバーによりQCDの達成が可能となる。

今の時代は品質ではなく、「コストが重要だ！」という考え方もある。しかし、コストを検討するためには製品品質が保証されている必要があり、その製品品質を設計者のみで保証しているようでは、コストを検討する時間的余裕もないだろう。そのような状態にならないためにも「設計開発プロセスで製品品質を保証する」を合言葉に、新設計開発プロセスを構築していってほしい。

2022年8月

中山　聡史

実践！正しい設計プロセス
DRBFM・DR・検図を活用して、設計品質を向上させる

目 次

第2章 工程で品質を造りこむ新設計プロセス

第3章 今、必要な品質ツールの具体的使用方法

第4章 設計ノウハウの使い方と蓄積方法

第1章

検査重点主義の設計プロセスとは

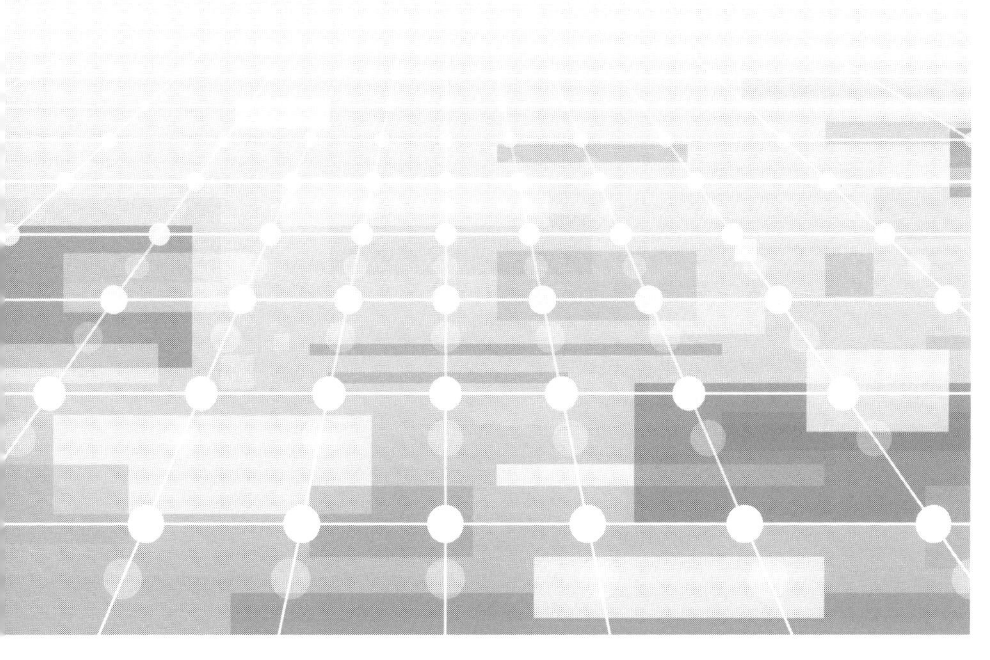

1 間違った設計プロセスとは何か？

1）「ひとりよがりの設計」プロセス

現在の設計のあり方は流用設計が基本であり、全ての部品や構造を新規に検討することは非常に少ない。新しい市場に進出するときには「全て新規設計で！」という場合もあるかもしれないが、1年に1回もあれば多い方だ。その流用設計において、流用することが難しい構想や新しい構造に対しての設計根拠となる資料が残っていなければ、どのように流用すればいいのか悩んでしまう。このように、流用設計が基本にも関わらず次の開発のタイミングでの流用を考慮せずに設

図面に赤丸で修正、赤線で手修正!!!
⇒図面の元データは修正されていない。

この図面は、実績もあるし、あのベテランさんが書いた図面だから、そのまま流用しても大丈夫のハズ。ベテラン製造部さんに任しておけば、なんとかなるか!（朱書きの図面を使用せず、元データの図面を使用してしまう）

⇒結果、根拠のない図面を流用し、過去の製造段階で発生した不具合を繰り返す。

図表1-1　KKDでの流用設計

計してしまうことは、どの企業でもあるのではないだろうか。

この事例はまさに、「ひとりよがりの設計」だ。流用することを踏まえた上でドキュメントを整備したり、設計根拠をしっかりと示して図面と共に保管しておくことで、KKD（勘と経験と度胸）に頼らない、流用設計が可能となる。KKDに頼った設計を進めると、手戻りが多くなり、結果的には「1から設計する方が早かった」ということになりかねない（**図表1-1**）。

また、設計者から次のような意見をよく聞く。

- 今回の案件は、設計にもらえるリードタイムが少ない、すぐに図面化しなければならない。
- どうせ次の案件も自分が担当するから、ドキュメントは自分さえわかればいい。
- たぶんこの構造で大丈夫だろう。まずはすぐに図面を出さなければ。根拠はあとで検討する。
- DRを実施している時間がない。個別にドキュメントを送付し、DRを実施したことにする。とりあえず出図しよう。

ここまで極端な例はないかもしれないが、設計者であれば一度はこのように思ったことがあるのではないだろうか。上記のように正しいプロセスを通さずに進めてしまうと、後に問題が発生しても、情報が共有されていないため、他の設計者は協力できない。その結果、担当した設計者しか対応ができなくなってしまう。これが、「ひとりよがりの設計」である。

また、問題はこの案件だけではない。今回の案件と似たような案件の受注があった場合、この設計内容を流用できないのだ。流用できないことはデメリットでしかない。同じ内容の設計を、同じ工数を使ってやり直さなければならなくなる。

設計は1人でするものではない。仮に1人で設計するにしても、不具合が発生したときなどイレギュラー時の対応は、設計部門の総力戦となる。その総力によって、顧客の不満を解消し、満足する商品を使ってもらえる。

また、生涯1人で設計することはあり得ない。企業は未来永劫継続（ゴーイング・コンサーン）が必要であり、地域、社会への貢献や継続した雇用をしていかなければならない。そのためには製造業の中枢である設計部門がノウハウを伝承すると共に、付加価値の高い製品を創出し続けなければならないのだ。設計者はその役割と責任を担っている。よって、さらに付加価値の高い製品を設計してもらうためには、次世代の設計者に対して製品のノウハウを伝承し、設計の根拠を正しくドキュメントに残さなければならない。そのドキュメント類が正しい設計ストーリーになっているか、設計プロセスごとに確認していく必要がある。

「ひとりよがりの設計」では、設計プロセスなど必要がない。しかし、先ほど述べたように1人の設計者ができることなどしれている。設計部門全体で「正しい設計とは何か？ どうあるべきか？」を議論していくためにも、正しい設計プロセスが必要になってくる（**会話1-1**）。

2）製品品質を保証するのは検図のみ？

検査重点主義の設計プロセスでは、図面のみを確認することが多い。営業部門や製品企画部門からインプットされた製品に求められる要求内容に対して、設計者は製品の構造やシステムを検討していく。その検討結果を具現化した図面に落

会話1-1
プロセスなんて必要ない。
俺が全て完璧に設計してやる！
ひとりよがりの
設計者
（ひとりよがりさんの設計は完璧だけど、
図面しか残さないから流用できないんだ
よな……）
設計くん

とし込んでいく。その検討途中で内容を確認することなく、最終的なアウトプットの図面のみ確認している。その際に用いる仕組みが検図である。

しかし、よく考えてほしい。設計途中に検証をせず、さらに検証したドキュメント類も残されていない中でどうやって検図をするのだろうか。また、その検図によって製品品質を正しく保証することができるのだろうか。答えはノーである。

では、このような間違った設計プロセスによって作成された図面はどのように検図されているのだろうか。検図者の「勘と経験」によってである。過去の経験やノウハウを元に、間違っている可能性が高い部分を指摘する。それで製品品質が本当に保証されていることになるだろうか。検図者も完璧ではない。見落としもあるだろう。事前情報が何もない中、図面だけを確認したところで、製品品質が保証されることなどありえないのだ（**会話1-2**）。

検図はあくまでも図面を検査することだが、それには情報が必要となる。流用部分は過去に検図をしているのだから、本来検図の必要はない。

正しい検図のあり方は、図面を作成した根拠となるドキュメントと共に図面を確認していくことである。右手に図面を持ち、左手には根拠となるドキュメントを持つ（**図表1-2**）。そのドキュメントから、構造内容が正しく図面に反映され

会話1-2

ようやく図面作成完了だ！
これで完璧なハズ。あとは検図承認を得てこの案件は終了
ひとりよがりの設計者

よし、検図をやろう。
……。ちょっと待てよ。図面しか提出されておらん。これではどこを変更したのか分からんし、確認しようがない
プロセスマン

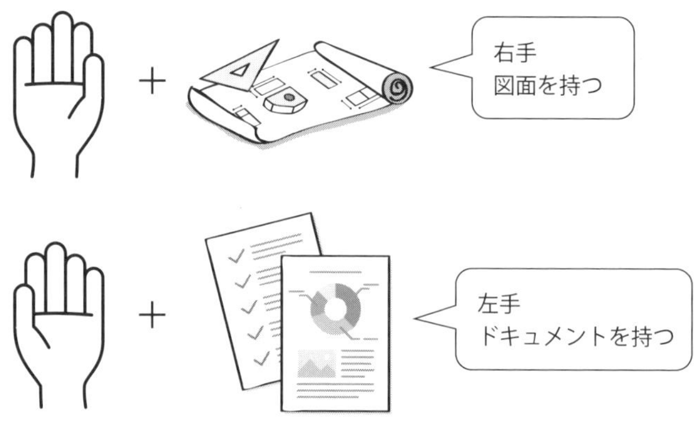

図表1-2　正しい検図での書類の持ち方

ているかどうか確認していく。また、流用部分、変更点、変化点がどの部分なのかも同時に示す必要がある。その結果、流用部分は検図せずに済むし、検図効率も向上していくだろう。ただし、作成されたドキュメントの設計根拠が正しいことが前提でこの検図が成り立つため、設計根拠の成否を判断する必要がある。その成否を判断するのがまさに設計プロセスといえる。正しい設計プロセスに沿って設計検討を行い、1つずつアウトプットを出していく。その集大成として図面を作成し、最後にその図面を検査する（正しい検図の仕組みでは最終結果のみ検図することは正しくない。設計途中でも検図をする必要があるが、その内容については第3章の正しい設計プロセスで使用する設計品質ツールで紹介する）。

正しい設計プロセスを踏まなければ、最後の検図さえ正しく行うことができず、製品品質が保証されないまま、製造、出荷されることになってしまう。

3）流用設計はしたくない！

私はコンサルタントという職業柄、社長や役員の方々から設計改革の依頼を受けることが多々ある。上層部の依頼を受けて設計部門のヒアリングを行うと、まず設計部門の部長、課長に**会話1-3**のようなことを言われる。

日を改めて図面を確認すると、多くのユニットで同じような構造が使われてい

会話1-3

当社は受注生産であり、毎回図面を新規作成しています。設計の生産性をあげるためには、設計者の能力を伸ばして設計スピードをあげるしかありません！

私（コンサルタント）

本当に全ての図面を新規作成していますか?

確かに一部は流用しているかもしれませんが、お客様ごとに要求が大きく違うので、ほとんど図面を作成していますよ。そのため、流用設計はできません！

設計部長

私（コンサルタント）

(う～ん……。本当だろうか?)
一度、複数の製品の図面をすべて見せてください

る。一部の部品形状が異なるため、流用していないという言葉に嘘はない。しかし、その会社のコアな部分（特許が取得されているようなコアな技術が詰まったユニットなど）については、まったく同じ形状が使われている。どのように設計をしているのか、設計者にヒアリングをすると、「過去の製番（工番）から同じ

ような要求仕様の製品を探し出し、流用できる部分を決めて、設計をスタートさせています」という答えが返ってくる。設計部長は「製品の全てを流用設計していない！」という意味の言葉を話しただけで、部分的にはやはり流用設計しているのだ。受注するたびに過去の製品を探して、流用元を決めるという作業を効率化しようとは考えていないことが多い。流用設計を仕組み化≒モジュール化や標準化を行うことで、設計効率は飛躍的に向上する。この仕組みを設計プロセスに落とし込むことで、すべての設計者が設計可能にする必要がある。

流用設計にはもう1つ大きな懸念がある。流用元の品質レベルである。過去に設計者自身で設計をした製品を流用するならば、不具合が発生した部分や設計する上で苦労した点、変更してはいけない点などを熟知している。しかし、別の設計者が設計した製品は、流用が可能かどうかの検証から始めなければならない。このような状況下でよく耳にするのは、**会話1-4**のようなセリフである。

皆さんはこのように思ったことはないだろうか。ハードウェアの設計だけではなく、ソフトウェアの設計でも同じである。「自分以外の設計者が描いたプログラムは読みにくい」と感じるのは当然だ。プログラムの全体構成などを理解しないまま、詳細な内容のプログラムを読んでも理解できないことが多いだろう。

どのような業務もそうだが、自分以外のアウトプットは流用しにくいものだ。その結果、流用できる設計内容があるにもかかわらず、再度、同じ工数をかけて設計をしていくことになる。その案件ひとつとってもデメリットだが、将来的に

会話1-4

この流用元はひとりよがりさんが設計したものか……。ひとりよがりさんの構造内容って複雑で分かりにくいんだよな。変更する点を検討するよりもイチから自分で検討した方が早そうだな

設計くん

も問題が発生する。同じような構造の製品があり、設計者が異なる場合、どちらを流用すればいいのか悩むようになってしまうだろう。類似製品の内容を比較し、差異を抽出し、良いとこ取りをしながら設計を進めていかなければならないのに、余計な手間が発生してしまっている。

そのせいで、流用設計をはなから無理と考え、流用設計をしたくないというような状況を作り出してはいけない。モジュール化や標準化の仕組み構築と共に、設計を簡単な手順に落とし込み、最適な設計プロセスを確立させる必要がある。

4）DRは設計者を吊るしあげる会ではない！

筆者は設計プロセス改革などのプロジェクトの中でその企業の課題を抽出するために、DRにオブザーバーとして参加させてもらうことがよくある。DRの中でよくあるのが、「設計者を吊るしあげる会」だ。

設計者がプロジェクターで資料を投影し、会議室の前方に立ちDRでの審査内容、技術的内容を説明している。説明中にもかかわらず、「その構造はダメだ！」「その変更をすると私の部門の設計内容を大幅に変えなければならないから変更しないでくれ」など、様々な意見が出てくる。最悪の場合、「そのような設計内容では問題が発生する。1からやり直し」と設計内容の全てを否定し、やり直しをさせる。やり直し後の再DRでも「何度言ったらわかるんだ。その構造はダメだ！」と否定的な意見しか出てこない（**会話1-5**）。

また、DRで作図方法の指摘をしていないだろうか。DRで構造内容を確認するために図面を添付資料として確認するのは問題ないが、図面をプロジェクターに投影し、口頭だけで説明していないだろうか。そのようなDRでは、構造内容や設計のストーリーに対する検証よりも、図面や3Dモデルについての議論にすり替わってしまうことがある。そのような状況になってしまうと、DRというよりも、検図を大人数で実施していることになってしまう。DRには検図に必要ないレビュワーも含まれているため、時間のムダに繋がってしまうだろう。このように、DRが設計者を吊るしあげる会や単なる図面の説明会になってしまっており、設計プロセスの中で重要なゲートの役目をもつDRになっていない。

会話1-5

なんでこんな構造になっているんだ。
さっきの説明ではよくわからんし、
こんなDRは中止だ
設計部長

きちんと説明しますので、
再度聞いていただけますか？
（最後まで説明していないのに……）
設計くん

2 間違った設計プロセスによって発生する問題

1）設計工程の大幅な手戻り

製品企画部門や営業部門から設計に必要なインプット情報を入手後、すぐに図面を作成していないだろうか。すぐに図面作成に至らずとも設計検討の内容が設計者の頭の中にしか存在していなかったり、検討内容がメモなどにしかまとまっていないという状況になっていないだろうか。

図面というのは、さまざまな設計の検討を行った上で、誰にでもわかる状態に視える化したドキュメントである。設計業務の役割と責任は、「顧客や市場が要求する内容を決定し、誰の眼にもわかる状態に具現化する」ことである。具現化

≒図面作成すればよいのではなく、図面に至るまでの過程、まさに設計プロセスが重要なのだ。詳細な設計プロセスは後ほど解説するとして、設計プロセスの重要な内容を考えていくと、設計がするべき業務は①機能検討、②方式検討、③仕様・スペック設定である。

その業務内容を具現化した形が図面となる。簡単なプロセスだとこの3つの項目を確実に検討し、さらにこの内容について問題の有無を確認しながら進めていかなければならない（**図表1-3**）。たとえば、①機能検討を設計者の頭の中で実施したとしよう。顧客から要求されているインプット情報に記載のある内容を機能化せずにそのまま方式を設定し、仕様・スペックを決定し、図面化したとする。その図面を検図した時にインプット情報の反映漏れが発覚するとどうなるだろうか。もう一度機能検討からやり直さなければならない。その結果、出図納期に間に合わず、大幅な納期遅延になるだろう。

何が悪かったのだろうか。設計プロセスが整備されていないことが大元の問題だとしても、一番の問題は最初の機能検討を設計者任せにしてしまったことだろう。この時点で、検討した内容は本当に問題がないか確認しておけば、インプット情報から検討漏れがあったとしても、手戻りを最小限に留めることができる。

図面作成の前にインプット情報の反映漏れ、機能不足内容の確認などを行うプロセスが必要となる。そうでなければ設計工程の大幅な手戻りが発生してしまう（**会話1-6**）。

また、図面についての意識も同様である。CADが発明されていない時代は手書きで図面を描いていた。手書きの図面で最も設計者を悩ませるのが、設計変更

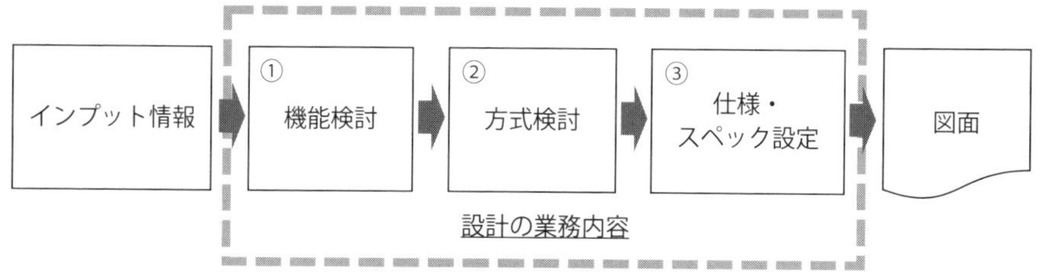

図表1-3　設計の役割

会話1-6

機能検討はこれで完璧だ。他人の確認なんて必要ない！ すぐに図面作成に入ろう

ひとりよがりの設計者

待ってください！ もし、その機能に問題があった場合、大きなやり直しになってしまいますよ。図面化の前に確認しましょう！

プロセスマン

や修正である。1本の線を変更するために消しゴムで線を消すと、変更しなくてもよい部分まで同時に消えてしまう。細心の注意を払って消しても、1本の線のみを消すのは難しい。消すのにも時間がかかる上に、必要のない部分の修正が完了してからまた新たな線を描かなければならない。

このように、手書き図面だと変更に対して多くの時間がかかってしまうため、設計検討を今よりも入念に実施していたのではないかと推測できる。今の時代はCADがあるため、1本の線を修正するのは簡単だ。簡単で修正に時間がかからないため、図面化する前の検討を省いてしまう。その結果、CADであったとしても修正が大変な状況（構造上の問題など）に陥ってしまう可能性がある。そうならないよう設計検討もしっかりと実施し、手戻りがない状態にしてからCADで図面化することでさらなる設計効率の向上を実現できる。

2) 製造段階での不具合の多発

①機能検討、②方式検討、③仕様・スペック設定が完了し、図面化したとしても、もう1つ検討しなければならないことがある。それは、①～③の内容を反映させた図面でモノ造りができるかどうかである。モノ造りができる図面を検討することを筆者は「生産設計」という。大手企業であれば、技術部門の設計者が作成した図面を製造部門の生産技術者が確認し、モノ造り（加工・組立）ができるか検証する。中堅、中小企業の場合、生産技術部門はないことが多く、技術部門の設計者が生産設計についても検討していることが多い。

仮にこの生産設計のプロセスがないと、出図後すぐに加工、組み立てしようとしてもできない状態になり、大幅な改造が必要となることもある。機能や性能に影響を与えない改造であればまだよいが、機能や性能に影響があるような変更を製造部で行ってしまうと、市場に製品がでてから大きなクレームや不具合の発生につながってしまう。また、量産品（見込み生産品）を製造しているメーカーであれば、1つずつ改造するわけにはいかず、設計での解決策が出るまで、製造は手待ちの状態になってしまう。このような状況になってしまうと、解決するため

会話1-7

とりあえずこの形状で加工できると思うので、出図しよう。上司にも検図してもらったし、さぁこれで完了だ

ひとりよがりの設計者

これでは設備で加工できない……。全て手加工するとなると相当な時間がかかるぞ

製造くん

に設計者が検討しなければならない内容が発生してしまい、すでに着手している他の案件の設計をいったん止めて、問題を解決しなければならなくなる（**会話1-7**）。

では、設計者が「生産設計」を検討するためには何を考えればよいのだろうか。さまざまな内容があるが、大きなものは部品図がそのままの形状で加工できるかどうかだろう。設計者の最初の登竜門と言ってもいい。私は新人だったころ、試作部門のベテランたちに「こんな図面でどうやって加工するんだ！ 自分でやってみろ！」とよく怒られたことを思い出す（試作図面と言っても上司に承認してもらっており、きちんと検図されていれば、という思いもある）。そして、加工に使う設備や手順を勉強させてもらった。その結果、図面を描く際に加工を気にしながら検討するという意識が身についた。

しかし、すべての加工方法、設備の情報を設計者が知っておくことは難しい（設備変更、生産の混み具合によって使われる設備も変更されるかもしれない）。よって、加工するための条件や設備の内容をまとめた上で、設計の基準書に落とし込まなければならない。その基準書に記載されている条件を設計での制約条件に落とし込み、設計検討をしていく必要がある。このような基準書を筆者は「設計基準書」と呼んでいる（この設計基準書については後ほど詳細に解説する）。

設計者は「機能設計」だけではなく、「生産設計」も検討しながら、正しい設計プロセスに沿って業務を進めていく必要がある。正しい設計プロセスでは出図後（生産設計も完了後）、設計者は次の案件に着手できる。この状況を作り出せるプロセスを構築しなければ、いつまで経ってもフロントローディングの実現は難しいだろう。設計プロセスの中に「生産設計」のプロセスを正しく構築し、出図後は設計者の工数を最小限に留めるようにしなければならない。

3）VE（コストダウン）が検討できない！？

コストダウンは、設計を実施していると毎回他部門から要求される内容でもあるだろう。また、機能検討が終了したとしても目標コストを大幅に超過している場合、同じ機能を持つ部品でも加工方法を変えることによってコストを下げるなど、様々な検討を行っている。どうしても目標のコストが実現できない場合、機能や性能を低下させてもよいかどうかの交渉も必要となってくる。このようなコストダウンの検討は、手戻りが多い設計プロセスだと実現できない可能性が高い。理由は、コストダウンを検討している時間がないからだ。

先ほど述べたように、機能検討が終了しているにもかかわらず、再度、機能検討を並行してコストダウンを検討する。しかし、その機能検討にある程度の目途がつかなければコストダウンなど検討できるハズもない。間違った設計プロセスで設計を実施している場合、機能検討を行い、図面を作成している段階でのやり直しや手戻りが多く、出図までのリードタイムに大部分を費やしてしまう。その結果、コストダウンが検討できずに、そのまま出図に至ってしまう。このような状況にならないためにも正しい設計プロセスで設計を進め、その中にどのような手順でコストダウンを行うかを検討する必要がある。

ここでコストダウンの考え方から簡単に解説していく。まずはVEの考え方から確認していこう。VEはValue Engineeringの略で、日本語に直すと価値工学と言われる。VEは製品に求められる「価値」を、「機能」と「コスト」のある関係性で表したものである。

VEの概念式

$$\text{Value【価値】} = \frac{\text{Function【機能】}}{\text{Cost【コスト】}}$$

コストダウンとは、この概念式のコストを下げることをいう。すなわち、VE手法の1つといえる。他にも多くの手法があり、コストは維持したまま機能をあげる、コストを下げたうえで機能もあげるなどで、価値をあげるための手段を検討していくことがVEの考え方である。この考え方には1つだけ禁止事項がある。それは機能を下げることである。機能を下げることは「スペックダウン」であり、顧客が要求している製品レベルを下回ってしまい、受け入れられない可能性が高い。機能は下げないようにコストをどのように下げていくのか、また、コストを維持したまま機能を向上し、販売価格を向上させることが可能かなどを検討する必要がある。

この機能を中心にした検討を行うためには、インプット情報から製品に必要な

「機能検討」を最初に行い、機能が明確になった後にVEの検討をしなければならない。手戻りが多いプロセスだとこの機能が明確になっていないため、そもそもVEの検討ができない。その結果、コストを下げるための手段が設計では実施できず、購買部門での部品購入単位の変更（ロット数を増加させるなど）や協力会社への値引き交渉のみにしかならず、目標のコストを達成できない場合が多い。VEを実現していくためにも設計スタート時点での「機能検討」は非常に重要であるため、設計プロセスを設定する時には必ず「機能検討」を組み込むように心がけてほしい（**会話1-8**）。

会話1-8

そもそもコストダウンできる時間はないし、今さら機能がどうこう言われても……。

設計くん

プロセスマン

正しい設計プロセスには機能検討のプロセスが必ず組み込まれている！後にコスト未達となり、急遽VEを実施しなければならなくなった時にも対応できるようにしておこう

3 間違った設計プロセスによって蓄積できない設計ノウハウ

1）残されているのは図面だけ

過去製品のリピート受注や過去製品と類似した機能や性能を要求される場合、過去製品を一部カスタマイズして設計しようと考えることが多いだろう。その時に必要となるのは、過去の図面とその構造に至った背景や経緯を示したドキュメントである。前者の図面は必ず存在しているが、後者の設計根拠を示すようなドキュメントは残っていないことが多いのではないだろうか。

設計根拠が示されているドキュメントが残っていないと何が起きるかは、すぐに想像できるだろう。今回の顧客要求で新しい機能を追加しなければならないが、図面だけではどの部分を変更すればいいのかがすぐに分からない。誤って構造的に変更してはいけない部分を変更した結果、本来その製品が持つはずの基本機能まで失われてしまうこともある。製造段階で発覚したのであれば、大幅な改造や新しい部品の取り付けなどで凌げたとしても、コストは大幅に上がってしまう。製造段階では気づかずに顧客のところで発覚した場合、大きなクレームに繋がってしまう。このような状況にならないためにも、図面だけでなく設計根拠が示されているドキュメントをしっかりと残しておかなければならない。

では、なぜそのようなドキュメントが残っていないのだろうか。「設計者の怠慢だ！」と考える人もいるかもしれないが、本質的な原因は怠慢ではない（設計者は時間のないなかで様々な制約条件を考えながら、図面を描いている。製品化までこぎつけて、さらにはその製品を満足に使用してもらっていることを考えると設計自体に問題はない）。これは設計プロセスに問題があると考えている。

ドキュメントが残らない間違った設計プロセスと、あるべき設計プロセスの概略を確認してみよう（**図表1-4**）。

設計根拠を示すドキュメントが残らない設計プロセスでは、すべての内容を設計者が決めて、何の確認もしないまま図面になっている。第三者の確認や承認が

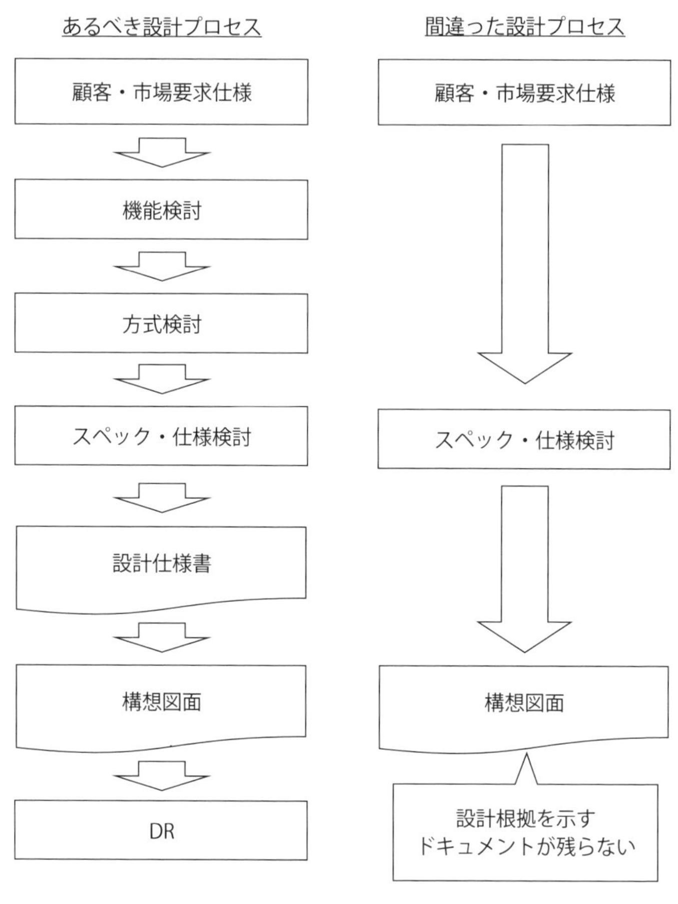

図表1-4　2つの設計プロセス

ないため、ドキュメントを作成しなくても設計者自身が分かるメモが残っていればいいのだ。そのメモをもとに設計者は図面を描いてしまう。

先ほども説明したが、今の時代の設計は設計者1人で行うものではない。チームで設計を進めなければならず（製品機能が複雑化しており、設計者1人で設計し、顧客が要求するQCDが十分に満たされる製品を作ることは難しい）、チーム全員でQCDが十分に満足できているかを確認しながら、さまざまなアイデアを持ち寄って付加価値の高い製品を創出しなければならない。そのときに図面だけしか残って

会話1-9

この構造で問題ないだろう。この内容をとりあえず図面に落とそう
ひとりよがりの設計者

待ってください！ その構造でなぜ問題がないのか、なぜその構造になったのかをみんなで検証しませんか？
プロセスマン

いないと、設計チーム全員で設計内容を考えるのは難しいだろう（**会話1-9**）。

また、1人の設計者が延々と同じ製品を設計し続けるわけではないことも理由として挙げられる。会社の事情により、その設計者が異動してしまうかもしれない。そんな時に他の設計者が設計すると異なる製品ができあがり、品質や性能が同じでも構造が大きく違う製品が設計されてしまう。このような状況になってはいけない。誰が設計したとしても、その会社から販売される製品は同じでなければならない。同じ製品にするためにも正しい設計プロセスが必要となるのだ。

設計根拠を1つ1つチーム全員で確認しながら設計を進めて行くためには、正しい設計プロセスが必要となる。図表1-4の「あるべき設計プロセス」で記載したようなプロセスが必要となる。特に重要なポイントは設計仕様書に至るまでのプロセス、「機能検討」「方式検討」の2点である（機能検討と方式検討については、正しい設計プロセスで検討する）。

2）設計根拠は頭の中……

筆者が設計者の時、こんな経験をした（**会話1-10**）。

会話1-10

私（設計者）

この製品のブラケットは昔の図面を見ると、こんな簡単な形状でしたが、一昨年の開発でなぜこのような形状に変更したんですか？

あぁ〜、そのブラケットは市場で不具合が見つかって耐久性の不足が分かったので、変更したんだ。一応、強度を計算し、耐久試験を実施したので、その形状で問題ないだろう

ひとりよがりの設計者

私（設計者）

そういう経緯があったんですね。計算の結果と、耐久試験の結果の資料を見せてもらえますか？

その資料はあるけど、見ても俺しかわからんよ

ひとりよがりの設計者

私（設計者）

（……それ残っている意味ないよ……）
一応いただけますか？

皆さんはこのような経験はないだろうか。設計者であれば一度は経験しているハズだ。本来は、なぜこのような形状に変更するのかをまとめたうえで、次に流用するタイミングで、問題を解決するために変更した内容が再度変更されないよ

うにしておかなければならない。しかし、変更した内容が残されていなければ、設計者はコストや顧客からの要求によって、変更してしまう可能性がある。

具体的な例で説明してみよう。**図表1-5**のような100円ライターのカバーが何らかの理由により、カバーに穴が開いている形状に変更されたとしよう。

図表1-5 100円ライターのカバーの変更点

カバーが変更された理由は、「着火性能を向上させるため、空気供給量を向上させる」ことであったとする。その変更の背反として、穴から異物が混入する可能性がある（ズボンのポケットなどに100円ライターをしまうため、ポケットにあるホコリや塵が混入してしまう可能性がある）。異物が混入すると着火できなくなる可能性がある。もしくは異物が可燃性であれば、異物に炎が移り、炎が真っすぐではなくあらぬ方向に立ってしまい、安全性を担保できなくなってしまう。そのため異物混入防止の目的で金属メッシュを追加している。

しかし、この背景を知らずにコストダウンを目的とした開発によって、金属メッシュを外してしまうと、市場クレームに発展してしまう。もちろん、設計者は金属メッシュがどのような理由でついているのかを考えながら、変更しても問題がないかどうか検証しなければならないが、金属メッシュを無くした状態で評価して問題がないという結果が出れば、過去の経緯は関係なく、金属メッシュを外してしまうだろう。過去の経緯をしっかりと確認していないことと、その評価で問題がないと判断してしまったこと自体が問題につながってしまう。

過去の背景などを知らず、変更してはならない部分を変更した結果市場クレームが発生している事例は実際によく起こっている。自動車のリコールの状況を分析した文献の結果を**図表1-6**に示す（引用：「リコール届出分析調査結果報告書

(令和2年度)」(国土交通省自動車局))。この結果から見てもわかるように、設計者が変更もしくは新規部品採用の結果を机上で検討した上で試作段階で確認して問題なしとなったが、市場に投入した結果市場クレームに発展した例が多い。

変更や新規部品に対しての評価基準を新たに検討しなければならないが、設計者が評価基準を選定するとどうしても甘くなってしまう。本来は過去からの変更の経緯、その変更に対しての評価内容、評価基準、さらには市場での使われ方、市場不具合情報などをかき集めたうえで、評価内容や基準を設定しなければならない。しかし、過去の設計根拠や評価内容、基準の考え方が残されていないことが多いため、情報がないのが実情である。設計だけではなく、評価についても根拠となる情報をしっかりと残しておかなければ、次の案件を担当する設計者が困ってしまうのだ。この情報をすべての設計者が残すプロセスが必要であり、設計者はそのプロセスにのっとって設計を進めることが重要である。

図面などの不備にも注目しよう。この不備の内訳は、新しい設計部分についての不備もあるだろうが、多くが過去からの流用内容の理解不足、変更してはいけない部分の変更だろう。評価基準の甘さと同様に過去からのノウハウが図面以外にも蓄積できていれば、流用部分についての理解も進み、変更してはいけない部分を変更しようとする設計者は少なくなるであろう。

不具合発生箇所	要因	件数	割合	詳細原因	件数	割合
設計 (233件、 55.3%)	性能	37件	8.8%	量産品の品質に見込み違い	2件	0.5%
				部品、材料の特性の不十分	16件	3.8%
				使用環境条件の甘さ	19件	4.4%
	耐久性	44件	10.5%	開発評価の不備	32件	7.7%
				実車相当テストの不十分	12件	2.9%
	設計自体	152件	36.0%	評価基準の甘さ	92件	21.9%
				図面などの不備	21件	4.9%
				プログラムミス	39件	9.2%

「リコール届出分析調査結果報告書(令和2年度)」(国土交通省自動車局)をもとに作成
元図から、設計が原因で発生したリコール(全体の55.3%にあたる)をまとめている

図表1-6 リコール届出の不具合発生原因別件数・割合

このように設計ノウハウを蓄積することがいかに重要か、理解できるだろう。また、設計ノウハウの蓄積は、設計を進めながら行うと、最も効率が良く、新鮮な情報をノウハウとして蓄積できるようになる。よって、設計ノウハウを蓄積するためにも正しい設計プロセスを構築していかなければならない。

3）設計ノウハウが蓄積されないことで技術が流出する？

今まで解説してきた設計ノウハウが蓄積できていないことによる問題点が理解できただろうか。設計ノウハウが蓄積されていない結果どうなるかは明白だろう。企業にとって最も痛手となるのが設計ノウハウの流出だ。設計ノウハウが流出すると、他社が自社と同じノウハウを持つようになるため、製品の強みや付加価値をアピールできなくなってしまう。その結果、その製品を購入する意欲が下がるとともに汎用製品に成り下がってしまい、コスト競争に突入する。コスト競争に勝つためには量産化しなければならず、資本力が大きい企業しか生き残れなくなってしまう。まさにレッドオーシャンである。このような市場で戦わないためにも付加価値となる設計ノウハウの流出をしっかりと防がなければならないが、ノウハウが蓄積できていないと簡単に流出してしまう状況になる。

ここで非常に興味深いデータがあるので紹介する。経済産業省にて調査された設計ノウハウに対しての結果である。この内容をよく見てみると驚愕の事実が示されている（製造業357社に調査した結果）。

（1）コア技術の流出があった割合

技術流出の有無		
技術流出の有無	①明らかに技術流出した	19.30%
	②恐らく技術流出した	16.50%
	③技術流出無し	60.50%
	④その他	3.60%

37%の企業が技術流出の可能性があると危惧している。
⇒日本だけではなく、アメリカ、中国へ設計ノウハウが流出している。

これだけの割合で技術が流出している状況となっているのだ。欧米の企業データを調査したことはないが、筆者が欧米の技術者の話を聞いた限りでは、このような割合はあり得ないだろうと推測している。

(2) 流出した技術内容

流出した技術	①中期的な最先端技術	5.70%
	②中期的な基盤技術	31.70%
	③企業内での重要技術	35.00%
	④汎用技術	27.60%

72%がその企業での重要な技術。さらにはその企業が今後発展すべく開発した最先端技術や基板技術が流出しているという状況。

その企業にとって重要な技術の72%が流出している。流出した結果、その企業は競合他社に真似をされ、競争力が低下するのだ。

(3) 流出したルート

流出ルート	①技術者の退職者による流出	62.20%
	②リバースエンジニアリングによる流出	71.70%
	③技術データ喪失による流出	52.80%
	④その他	3.10%

流出ルートを複数回答で確認すると、多くはリバースエンジニアリングと技術者の退職である。もちろん、視える化したノウハウデータが流出してしまうことは大きな問題だが、そもそもノウハウデータがない企業が多く、属人化している場合は技術者の退職が最も脅威となる。

筆者はこのデータを見て、技術者の退職と設計ノウハウの流出がほぼイコールなのだと再確認した。設計ノウハウが技術者の退職により一部流出したとしても問題がない体制を構築しなければならないだろう（技術者の退職をゼロにすることは難しいため)。

(1)～(3) で解説したように、設計ノウハウの流出は現実に多く起こっている。もし、社内に設計ノウハウが蓄積できていなかったらどうなるだろうか。他社にシェアの一部を奪われるだけではなく、設計ノウハウが蓄積されていないため、その製品を進化させることに時間がかかってしまい、その間に全てのシェアを奪われてしまうかもしれない。このように設計ノウハウが蓄積されているかどうかはその企業が生き残れるかどうかの重要なファクターになっているのだ。

設計ノウハウが蓄積されていると、技術者が退職したとしても蓄積された設計ノウハウを元に製品に新たな付加価値を付け、進化させられる。流出した設計ノウハウを使って競合他社が製品を作ったとしても、すでに自社は進化させた製品を市場に投入している。すなわち、競合他社より1歩も2歩も先に進めることができるようになる。設計ノウハウが属人化され、設計者自身の頭の中に残すのではなく、その会社に蓄積できるプロセスを確立しなければならない(**会話1-11**)。

会話1-11

部長! Aさんが退職してしまったため、この製品の評価基準が分かりません。これではどのように評価がOKとなったか分からないので、新製品の設計を進められません

(困ったな……。これは時間がかかるぞ) 他の製品の評価指標を参考に前の製品をもう一度評価して確認してみるしかないな

4 第1章まとめ【設計プロセスの課題】

1. 間違った設計プロセスとは何か？

1）ひとりよがりの設計プロセス

設計は1人で行うものではない。1人で生涯設計していくことはできないため、会社に設計ノウハウを蓄積し、若手の設計者に伝承しながら製品を進化させていかなければならないのだ。設計を効率化しようとすると必ず流用設計に行き当たる。流用設計自体は決して悪いことではないが、流用元の設計内容を設計者自身がしっかりと理解できている状態でないと、流用によって不具合やクレームが発生してしまう可能性が高い。

そのような状態にならないためにも、正しい設計プロセスにより設計ノウハウをドキュメントに記載しながら、設計部門全体で設計内容について正しいかどうか議論していかなければならない。「ひとりよがりの設計」では、顧客に必要とされる製品を生み出し続けることはできない。

2）製品品質を保証するのは検図のみ？

製品品質を確実に保証するためには、図面だけでは難しい。図面だけでは設計者が考えた内容や流用元から変更された部分などの情報がないため、検図できたとしても検図者の「勘と経験」である。完璧な図面（顧客や市場から要求されている機能や性能が満足できる構造になっており、モノ造りができる状態の図面）≒製品品質を保証と考えるのであれば、設計者が検討した内容をドキュメントに記載した上で、そのドキュメント（左手に持つ）と図面（右手に持つ）を比較し、正しく図面に反映されているか確認していかなければならない。

正しい検図を行うためには、設計者が検討した設計ストーリーが正しいことが前提になる。設計ストーリーが正しいかは、設計プロセスに沿って、設計検討を行い、1つずつアウトプットしていかなければならないのだ。製品品質を保証するためには、ドキュメントだけでも検図だけでもできない。正しい設計プロセスを構築して初めて製品品質の保証が可能となる。

3）流用設計はしたくない！

流用設計は設計効率を向上させる方法だが、正しい流用設計を行えているケースは少ない。正しい流用設計とは、過去の製品で検討したコア技術を含んだ製品を、誰でも流用できるような状態である。ところが現実は、設計者が知っている過去の製品を流用することで、設計効率を設計者個人レベルで向上させようとしている。

誰でも流用できるような状態とは流用設計を仕組み化≒モジュール化・標準化ができていることを指し、そのモジュールや標準を使用するための手順やプロセスが決まっていなければならない。このような正しい設計プロセス（モジュール・標準を使用するプロセス）を構築しなければ、ひとりよがりな設計の効率を向上させる効果しかなく、設計全体の効率化には繋がらない。

4）DRは設計者を吊るしあげる会ではない！

設計プロセスの中でDRはほとんどの企業で実施されている。しかし、そのDRは設計者を吊るしあげる会になってしまっており、本来のDRの目的を果たしていない。本来の目的は「問題の未然防止」であり、内容の説明会ではないし、重箱の隅をつつくようにミスを指摘するものでもない。DRに参加するレビュワーは評論家に成り下がってはいけない。DRで設計内容やストーリーをしっかりと吟味し、問題点を抽出しながら、解決策を全員で検討していかなければならない。

DRは設計プロセスでゲートの役目をもつ重要なプロセスであり、設計プロセスの中のどのタイミングで、どのような参加者で実施する必要があるのかを決めなければならない。

2. 間違った設計プロセスによって発生する問題

1) 設計工程の大幅な手戻り

設計に必要なインプット情報を入手後、すぐに図面を作成し始めてはいけない。それでは設計検討が不十分であり、図面の描き直しが発生する可能性がある。

設計業務の役割と責任は、「顧客や市場が要求する内容を決定し、誰の眼にもわかる状態に具現化する」ことであり、図面を描くことではない。作図はあくまでも設計者が行う1つの作業であり、設計者が必ずしも実施する必要はない。

具現化するために、設計者が検討しなければならないのは、①機能検討、②方式検討、③仕様・スペック検討である。この内容を設計者の頭の中だけで実施してはならない。しっかりとドキュメントに残した上で、インプット情報からの検討漏れがないかどうかを確認しなければならない。仮に漏れがあったとしても、図面化の前に気づければ手戻りは少なくて済む。

2) 製造段階での不具合の多発

設計者は、顧客や市場から要求されている機能さえ実現できればよいわけではない。機能を実現できた方式を考えた上で、その方式を構造化し、その構造でモノ造り（加工や組み立て）ができなければならない。その業務内容を「生産設計」という。生産設計は、モノ造りの内容をしっかりと把握しておかなければならず、たとえば加工に使用している設備の状態、組み立ての手順を理解した上で構造化の検討をしなければならないのだ。

そのためには設計者の知識だけでは、生産設計はできない。そこで、生産の情報をノウハウ書に落とし込んだ「設計基準書」が必要となる。このように「生産設計」を設計プロセスの中に組み込み、出図後加工や組み立ての製造段階でやり直しが最小限になるようにしなければならない。

3) VE（コストダウン）が検討できない！？

VEの1つの手法であるコストダウンを進めるためには、設計の余裕を持たなければならない。手戻りが多いような設計プロセスだと機能検討し、図面化の後やり直しが多く、再度機能検討、図面化……の繰り返しになってしまい、コストダウンの検討に至らないことが多い。その結果、せっかく設計者が苦労して顧客の要求に合致した製品を創出できたとしても、製品自体が赤字であれば何のために苦労したのか分からない。また、余裕がない状態で出図された図面でなんとかコストダウンを実施しようとすると、購買品の購入方法や協力会社への値下げ交渉のみになってしまう。それでは目標コストに到達することは難しい。

コストダウンを検討する際に重要になる考え方が「機能」である。機能を維持、もしくは向上させた状態でコストを下げなければならない（コストダウンのために機能を低下させることはスペックダウンといい、VEの考え方から除外されている）。この機能を確実に抜け漏れなく設計内容に盛り込んだ上でやり直しを最小限に留めながら、余裕を持った上で機能を維持・向上したコストダウンを目指してほしい。

3. 間違った設計プロセスによって蓄積できない設計ノウハウ

1）残されているのは図面だけ

設計効率を向上させるために流用設計をしようとするならば、過去の製品をしっかりと理解する必要がある。そんな時に、図面しか残されていないことがないだろうか。図面しか残っていないと設計根拠が分からず、変更していい部分と変更してはいけない部分の区別がつきにくい（図面をしっかりと読み込めば理解できる場合もあるかもしれないが、多くの場合は図面だけでは理解が難しい）。そして、変更してはいけない部分を変更した結果、大きな不具合が発生し、クレームに繋がってしまう。設計根拠が示されているドキュメントが図面以外に残っていないのは設計者の怠慢ではなく、そのドキュメントを確認する工程がない設計プロセスとなってしまっているからである。

特に重要なのが「機能検討と方式検討」である。その内容が設計仕様書に記載され、設計仕様書が設計プロセスの中で確認する工程がなければならない。

2）設計根拠は頭の中……

設計根拠や設計者が考えた設計ストーリーが設計者の頭の中にしかないことがよくある。ドキュメントに残っていたとしても設計者しか分からないようなメモしかないと、次にその製品を流用し設計しようとした設計者が困ってしまう。これでは流用したとしても、その製品の試作の正しい評価ができず（評価自体は可能だが、評価項目や評価基準がないため、その製品と同等の品質が確保できているかわからない状態)、製品品質を確実に保証することが難しい。

設計者が流用しやすい状態を作るためにも、設計プロセスの中で設計根拠やストーリーを確認しながら着実にプロセスを進めていかなければならない。

3）設計ノウハウが蓄積されないことで技術が流出する？

設計ノウハウが蓄積できていない状態では、設計ノウハウが流出した時に流出先の企業が同じ付加価値の持つ製品を創出できてしまい、シェアが簡単に奪われてしまう。さらにはコスト競争に勝つことができないだろう。

設計ノウハウの流出の多くは技術者の退職に起因する。退職自体を減らすことも重要だが、100％防止することは難しい。流出したとしても競合他社に勝てる状態を作り上げるためには、技術者が構築した設計ノウハウを会社に蓄積させるしかない。会社に設計ノウハウが蓄積されていれば、たとえ流出したとしても、競合他社が同じ製品を設計している間にさらに付加価値の高い製品を設計できる。競合他社が市場に製品を投入した時には、1歩も2歩も先に進んだ製品を投入しているだろう。このような状態を作るためにも正しい設計プロセスを構築し、設計と並行して設計ノウハウを蓄積する状態を作り上げなければならない。

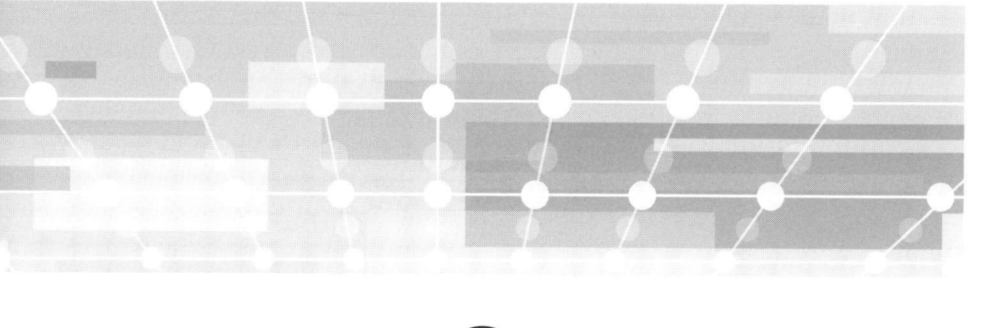

第2章

工程で品質を造りこむ新設計プロセス

問題を先送りするプロセスとは

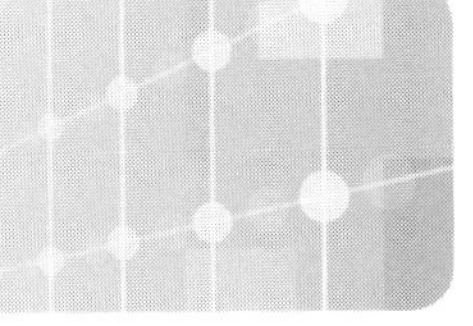

1）問題を先送りするプロセス

新しく設計開発プロセスを構築する時によく言われる言葉が、フロントローディングだ。読者も聞いたことがあるだろう。私も前職の時に、様々なフロントローディングの仕組みを検討したことがある。では、フロントローディングが実現できなければ、どのような結果を招くのだろうか。

工程の後ろ側で負荷がかかり、製品のQCDが達成できなくなる。

製造業の工程における後工程とは、モノ造り段階である。前工程である製品企画や営業受注、設計開発段階での遅れや問題への対応などのしわ寄せが全て、モノ造り段階にくるといっていいだろう。その結果、納期に間に合ったとしても、顧客に満足してもらえる品質や性能の製品ができていない、もしくは間に合うように特急でモノ造りをするため原価が上がり、最悪の場合は納期に間に合わないなど、QCDに多大なる影響を与えてしまう。それが問題を先送りする設計開発プロセスだ。読者も経験があるだろう。モノ造り段階で不具合が発生し、各工場からの問い合わせ、図面修正、試作、再度検討するなど、モノ造り段階で忙しくなっていることがまさに問題を先送りした結果だ。そのプロセスを模式図で表したのが**図表2-1**、**図表2-2**なので確認してほしい。

2）問題の先送りが生む設計の負のスパイラル

先ほど説明したように問題を先送りにすると、モノ造り段階で設計開発部門に大きな負荷がかかってしまう。納期に間に合わせるために多くの設計者を投入し、何とか間に合わせようとするだろう。その結果が「設計の負のスパイラル」

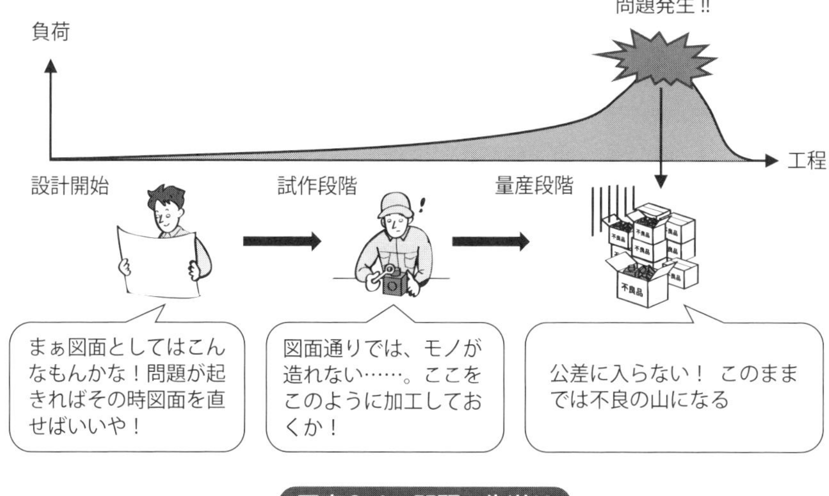

図表2-1　問題の先送り

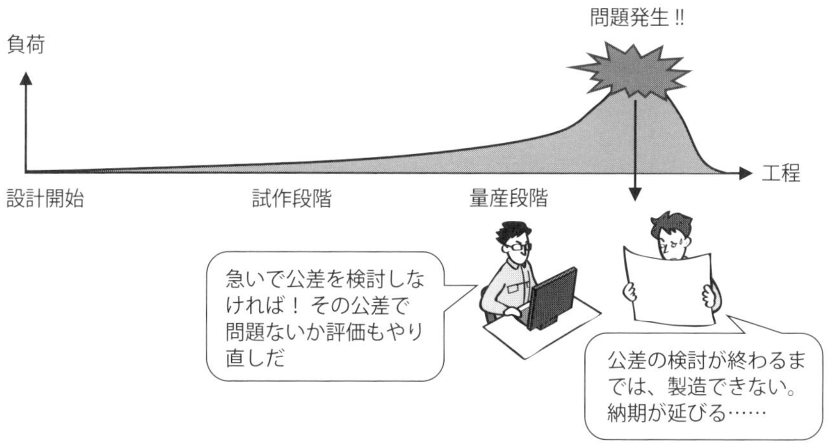

図表2-2　問題を先送りした結果

を生む。負荷が高い状態での業務では必ずミスが発生する。ミスが発生することにより、顧客に要求されている品質や性能が確保できなくなり、市場でもクレームや不具合が多発してしまい、その対応にまた追われることになる。

本来のプロセスなら、モノ造り段階に入る＝製造移管が完了しており、設計開

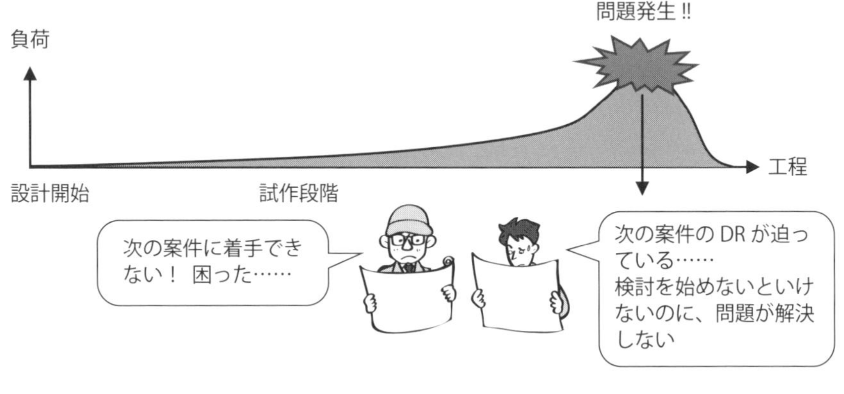

問題発生!!
負荷
工程
設計開始
試作段階
次の案件に着手できない！ 困った……
次の案件のDRが迫っている……
検討を始めないといけないのに、問題が解決しない

図表2-3　先送りすると次の開発ができない

会話2-1

また、クレームだ……。ここ数週間はクレームの対応しかしていない気がする……
倒産
設計くん

発部門は後処理（振り返りや取扱説明書の作成など）のみとなる。後処理と並行して、次の製品開発に移行していかなければならない。しかし、クレームや不具合の対応に追われていると、次の製品開発に移行することができず、着手が遅れ、リードタイムがなくなり、問題を先送りするプロセスの設計開発スタイルとなってしまう。この設計の負のスパイラルを繰り返している企業はやがて利益が圧迫されると同時に、顧客の信頼を失い、次第に売上が低下していき、企業としては悲しい結果にならざるを得ない（**会話2-1**）。

このような状態にならないためにもどのようにしてフロントローディングを成立させるか、また設計開発の検証をいかに早期に完了させるかがポイントとなる。高度なシミュレーションの環境が整っている今、設計開発の検証をいつまでも実際のモノ（試作品や製品）に頼っていてはいけない（**会話2-2**）。

> 「試作品を作ってみないとわからない」
> 「製品を組み立ててみないと問題点がはっきり分からない」
> 「動かしてみないと何とも……」

今の時代は、製品品質ももちろん重要だが、顧客や市場が要求していることを誰よりも先に投入するかであり、スピードが問われている。手直しややり直しを実際の製品で発生させていることはもってのほかである。どうせ失敗するのであれば、シミュレーション上で幾度となく失敗を重ねたうえで、製品を市場に投入できるプロセスが求められる。

会話2-2

机上のみで製品品質を保証するなんて無理だなあ。とりあえず出図して、製品で確認しよう
設計くん

プロセスマン
ダメだ！ それでは出図させられんな。過去の事例などから問題を予測しよう！ さらにはそれをシミュレーションで確認し、設計品質レベルを高めるのだ

2 フロントローディング・コンカレントエンジニアリング

1）フロントローディング

では、問題を先送りするプロセスや仕事の仕方にならないようにするためにはどうしたらいいのだろうか。問題の先送りで一番の課題となるのが、やり直しや手戻りである。問題を先送りしたからといって、後にやり直しが発生しないのであれば、あえて忙しい設計初期の時点で対応しなくてもよいだろう。しかし、問題が発生してしまった場合、すでに決定した構造の部分を変更しなければならないかもしれない。

このように、あとあと変更が発生し、設計のやり直しになるのであれば、設計初期の時点で対応していた方が工数は少なくすむ。このように設計初期の時点で

会話2-3

こんなに忙しい時に問題を予測するのなんて無理ですよ！ 後で検討しましょうよ……
設計くん

後で対応しようとする方が無理だ。他の設計者が決めた内容を変更するのがいかに難しいか知っているだろう。
設計する前に変更の要望を出さなければならないのだ！
プロセスマン

いかに注力することができるか、これが問題を先送りせずに対応するフロントローディングの考え方である（**会話2-3**）。

フロントローディングの定義は様々な文章に記載されているが、本来の考え方は下記の通りとなる。

フロントローディング：工程の前側で負荷をかけること

では、「工程の前側で負荷をかける」というのはどのようなことを意味しているのだろうか。まず先に言葉の違いから見ていこう。

問題を先送りにするプロセス：工程の後ろ側で負荷がかかること フロントローディング：工程の前側で負荷をかけること

意味の違いが分かるだろうか。問題を先送りにするプロセスの「負荷がかかる」とは、「受動的」に負荷がかかってしまうということだ。これは製品設計に関わるマネジメントや問題の未然防止を考えられていない証拠であり、設計者の意図しない問題が後工程で発生することを意味している。

では、「フロントローディング」はどうか？ こちらは「負荷をかける」となっている。これは「能動的」に製品設計の前工程で負荷をかけることである。後工程で発生する可能性のある問題を前工程で対策しておくこと、これが負荷をかけることである。この考え方が非常に重要であり、様々な手法により、工程の前側で負荷をかけて、フロントローディングという目的が達成できるのだ。

それでは、フロントローディングを模式図で解説していこう（**図表2-4～6**）。

設計の初期の時点、むしろ設計をスタートする前にどれだけ問題を抽出できるかが重要である。問題を抽出しようと思って、流用元を眺めているだけでは何も浮かんでこないだろう。問題を抽出するポイントは、「変化点管理」である（詳細内容については後述する）。流用元を設定し、その流用元から「何を変えなければならないのか（変更点）」、また「外部環境の変化はどのような内容か（変化点）」を検討する。その変更点と変化点から「それぞれの機能が欠損する故障内容は何か」を検討していけばいい。このような変化点管理の内容から、問題を抽

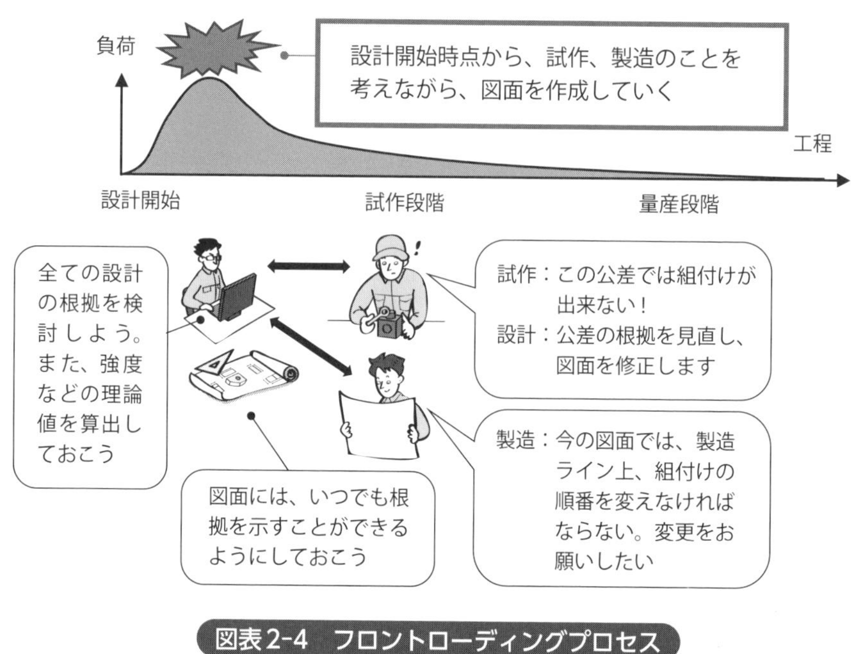

図表2-4　フロントローディングプロセス

出し、その対応策を設計内容に反映させていく。これができれば約8割、フロントローディングが完成したといってもいいだろう。

さらに設計を進めながら、新たな変更点と変化点が発生していないかを検討する。その内容をDRなどで確認し、さらに問題抽出とその対策内容の精度をあげていく。この一連の流れ、業務の仕組みを確立させ、プロセスに落とし込んでいくことができれば、設計者が異なったとしても自然とフロントローディングができている状態になるのだ。

設計者が異なったとしても、フロントローディングが実現できる状態であることが最も重要である。ベテラン設計者や問題を早期に発見できる設計者は、自然とフロントローディングを実現するための仕事の仕方をしているが、全ての設計者が同じようにできるわけではない。経験が浅く、問題を抽出するポイントが理解できていない者もいるだろう。しかし、経験が浅いからといって問題を先送りし、製造段階以降で問題を発生させてはならないのだ。そう考えると読者の皆さんはもう理解できているだろうが、誰が設計しても目標となる品質レベルに到達

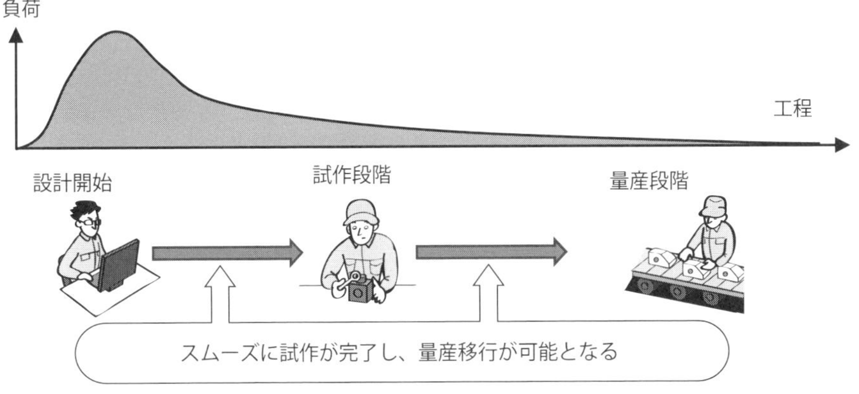

設計の前準備として、過去の問題点や新しい設計に対して仮想の問題点などをあらかじめ対策しておくことが重要となる。
⇒その対策を行うことにより、試作、量産段階でも問題が減少し、スムーズに開発が流れていく。また、設計の手戻りが少なくなり、開発のリードタイム短縮にもつながる。

図表2-5　フロントローディングプロセスの結果

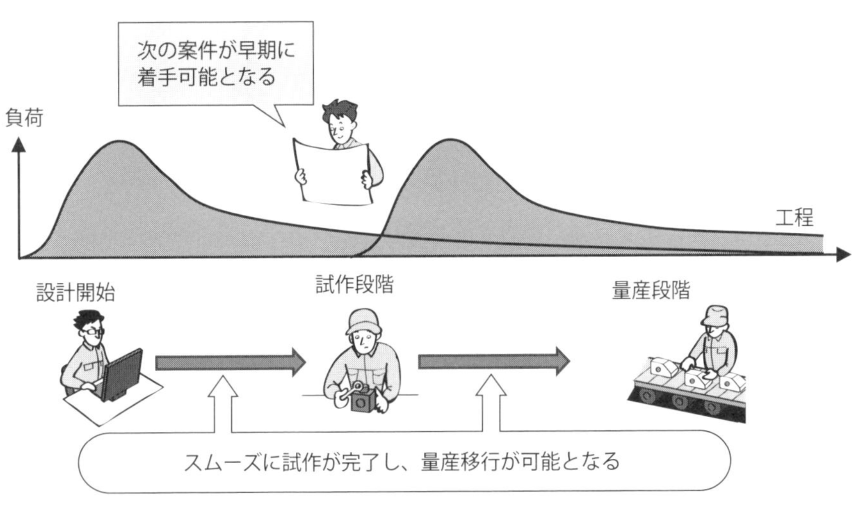

図表2-6　フロントローディングの効果

する状態にならなければならない。そのためには、フロントローディングが実現できるプロセスの設定と仕組みの構築が必要になる。

では、フロントローディングを実現するとどのような結果になるだろうか。

モノ造り段階での問題が減少し、仮に問題が発生したとしても、設計部門が対応しなくとも製造部門のみで対処可能となる（構造的な問題が起こることがなくなるため）。このように、製造部門へ完全移管することで、設計部門は負荷が少なくなり、次の開発に移行できる。次の開発も工程の初期から負荷をかけられ、フロントローディング型のプロセスが実現する。まさに正循環である。

次の案件が早期に着手できるようになることで、次の製品開発もフロントローディングプロセスの実行が可能となる。

⇒負のループ≒問題を先送りするプロセスを断ち切り、フロントローディングプロセスに移行し、設計品質を向上させることが可能となる。

フロントローディングの定義を確認しておこう。

> 製品開発のプロセスで業務の初期工程に負荷をかけ、作業を前倒しで進める手法のことである。できるだけ早い段階で多くの問題点やリスクを洗い出し、対策し、初期段階から「設計品質」を高めること

この文章はフロントローディングの定義として、よく言われていることである。読者の皆さんは、何か気づかないだろうか。私が今まで説明してきたこととは、異なる部分がある。それは「作業を前倒しで進める」という言葉である。

フロントローディングを日本語に直訳すると、「作業前倒し」であるが、この直訳は間違いだ。設計でいう作業というのは、たとえば製図、図面を描くことである。図面を描くことを前倒しするとフロントローディングが実現するのか？ と考えるとそれは違う。むしろ、設計の初期段階で図面作成をしてしまうと問題を先送りする開発スタイルになってしまう。設計の構想を何もせずに図面を描きながら考えると、CAD上での図面の書き直しが多くなるだろう。設計だけの工程を見ても、問題を先送りしている。さらにCAD上だけの検討では、問題の未然防止ができておらず、抜け漏れが多く発生し、モノ造り段階で問題が起きてしまうだろう。フロントローディングの意義は「作業前倒し」ではなく、「問

題の未然防止」だ。上記のようなフロントローディングの説明が社内でなされているとしたら、ぜひ修正してほしい。

2) フロントローディングの効果

では、次にフロントローディングと問題を先送りするプロセスの負荷のかかり方を比べてみよう（**図表2-7**）。

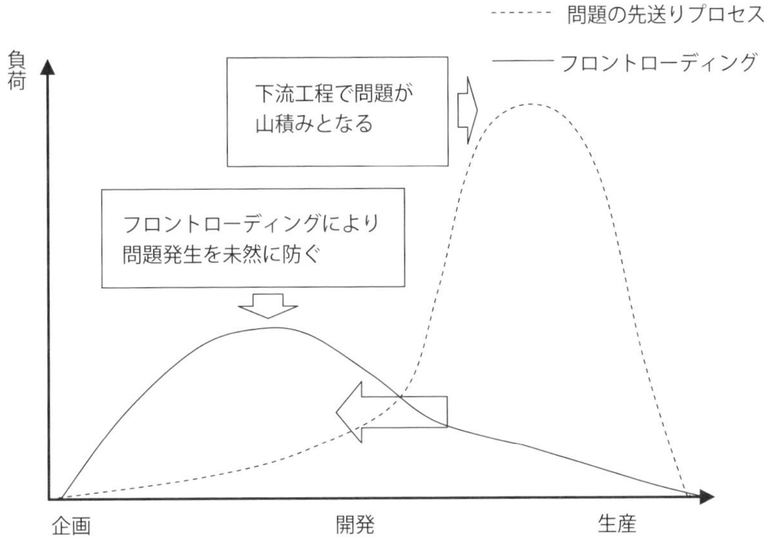

図表2-7　フロントローディングと問題の先送りプロセスの違い

フロントローディングと問題を先送りするプロセスでの図形の総面積≒設計者の負荷や工数の総数を比較すると、

フロントローディング開発 << 問題を先送りする開発

となる。詳しく解説すると、フロントローディング開発の方が初期工程に負荷（問題を未然に対策する）をかけることにより、モノ造り段階で発生する問題が

減少し、工数（≒負荷（縦軸））が少なくなる。結果、少人数での開発が可能となるうえ、同じ人数で開発した場合には開発リードタイム短縮も可能となる。

フロントローディング実現により、QCDの全てが向上する。一般的に言われているのはリードタイム短縮だが、実は効果として考えられるのは品質の意味合いの方が大きいだろう。

①Q（品質）

問題の未然防止により、後工程で発生する問題が大幅に減少する。その結果、手戻りや問題に時間を費やさないため、本来の設計に時間を費やせる。また、時間的余裕により、流用やモジュールへの集約を意識した設計内容（シンプル設計）が実現し、次の開発でもフロントローディングが可能となり、好循環のプロセスになる。

②C（コスト）

コスト面についてもメリットが大きい。手戻りが少なくなることにより、設計工数が減少し、開発費が低減する。また、時間的な余裕ができるため価格査定を購買部門としっかり吟味でき、適正価格での購入が可能となる。戦略的なVE活動が実現する。

③D（納期）

納期については説明しなくてもわかるだろう。手戻りが少なく、予定した計画で製品設計、製造が可能となる。

一方、問題を先送りするプロセスでは、設計の初期段階にかかる工数は少ないが、モノ造り段階で発生する問題を対処するのに忙しい状態になる。工数の観点で考えると、設計のやり直しや問題の対処により、フロントローディングよりも確実に工数が増加する。リードタイムの短縮などは夢のまた夢だ。

3）コンカレントエンジニアリング

(1) コンカレントエンジニアリングの定義

フロントローディングを実現させるためには様々な仕掛けや仕組みが必要とな

る。フロントローディングはあくまでも「現象」であるため、何か具体的な行動に移さなければならない。その中で重要な仕掛けがコンカレントエンジニアリングである。では、コンカレントエンジニアリングの定義を確認しておこう。

> コンカレントエンジニアリング
> 設計から製造にあたる様々な業務を関連部署が同時並行的に仕事をし、量産までの開発プロセスをできるだけ短縮化する開発手法（**図表2-8**）。

製造業においてコンカレントエンジニアリングは昔から取り組まれてきたことだ。設計者が図面を描きながら、その最中に製造部門からの要求を反映していく。製造部門が強い日本ならではの手法であると言ってもよい。

コンカレントエンジニアリングを成功させるためには、他の部門を巻き込み、会社全体の仕組みとして構築することが重要である。

(2) コンカレントエンジニアリングの特徴と効果

設計段階において、生産、購買、品質管理などの各部門全員が参画し、早期に製品の完成度を高める活動をコンカレントエンジニアリングと呼ぶ。この仕組みを

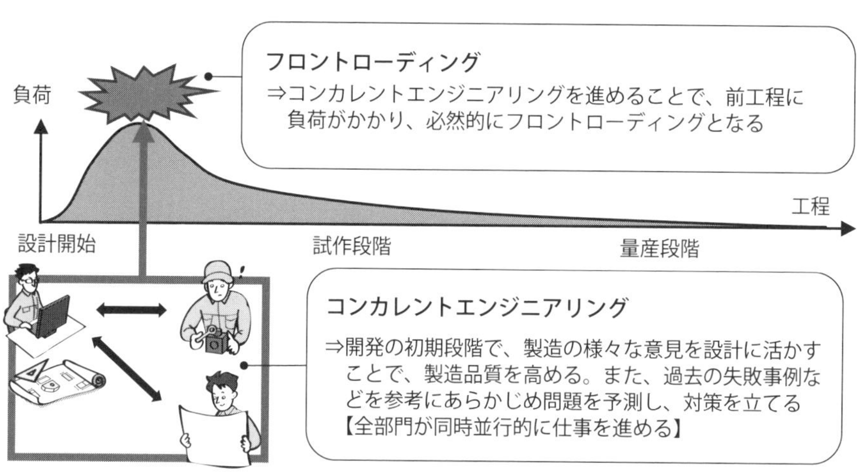

図表2-8　コンカレントエンジニアリング

さらに活用しやすく、かつ訴求させるためには、3DCADの仕組みも必要となる。

2DCAD（図面）の場合、企画に始まって基本設計、詳細設計、解析、試作というステップを段階的に処理する手法に比べ、3DCADを中核ツールとしてコンカレント活動することで、設計変更、設計ミスを大幅に削減し、QCD（品質向上、コスト低減、納期短縮）を同時に達成できる。すなわち、

> 3DCADを有効活用することにより、さらにコンカレントエンジニアリングが実施しやすくなる!!!

ということである。コンカレントエンジニアリングの効果を確認していこう。

①設計変更の最小化

開発ステージにおいてできる限りの設計変更と改良を行い、量産試作や量産段階での変更を最小化する。

②戦略的な原価低減活動の実現

すべての関係者に目標を振り分け、各部門が原価低減を提案できる体制をつくることを可能とする。

③外注仕入れ先との協力関係、互恵関係の樹立

外注仕入先の参画により、相互の品質問題の抑制とロスの削減をもたらす。

④開発費の低減と、開発～量産導入までのリードタイム短縮

従来まで試作評価に頼ってきた開発体系を抜本的に変更し、試作レスに挑戦できる。大幅な開発費用とリードタイムが削減されるとともに、変化する市場ニーズに素早く対応できる。

どの効果も、現在の製造業にとって必要な内容である。モジュラー設計に当てはめて考えても、モジュール化している製品にコンカレントエンジニアリングの仕組みを導入すると、さらなるリードタイムの短縮や品質の確保が可能となる。

4）新設計プロセスで使用するべき設計品質ツール

フロントローディングというのは、あくまでも現象である。何らかの仕掛けを実施した結果、フロントローディングとなるのだ。つまり、フロントローディングを実現するために必要な仕掛けや仕組みが存在する。そのツールを紹介していこう（**会話2-4**）。

(1) 設計仕様書

設計仕様書は、設計を始める前に、設計内容の方針、全貌を明らかにするために必要となる資料である。複数の設計者で1つの製品を設計する場合には、必ず用意する。理由は、設計メンバー全員の設計に対するベクトルを合わせなければならないためである。合わせなければ、設計者ごとに考え方が異なり、ユニットを合わせた時に機能実現が難しくなるし、各ユニットのインターフェースも合わなくなる。その結果、製造段階で問題が発生する可能性が高い。詳細内容はモジュラー設計全体の仕組みを解説する第3章で説明する。これは、モジュラー設計を運用する時には特に必要となる。

モジュラー設計で設定したモジュール群のうちどれを使用するのかを、設計仕様書の段階で明確にしておく。また、使用するコア技術内容も明確にしておく必要がある。上記の内容を含んだ設計仕様書を基本設計段階（もしくは製品企画段階）で作成し、設計担当者に説明することでブレの少ない製品開発が可能となるだろう。

(2) DR（Design Review）/設計審査

DRは多くの製造業が取り入れ、実施している品質ツールである。各プロセスのゲートとも言えるであろう。DRの定義は、「設計段階で性能、機能、信頼性、価格、納期などを考慮しながら設計内容について審査し、問題点を挙げ、改善を図るために用いられる手法」である。審査には営業、企画、設計、購買、製造などの各分野の専門家が参加する。

ここで定義を読んで疑問に思った読者は、本当のDRを知らない可能性がある。多くの企業のDRは、設計内容についての問題点抽出の場であり、上記の定

会話2-4

フロントローディングといっても何をすればいいんだろう？

フロントローディング≒問題の未然防止ということは理解できたね？

はい！ でも問題の未然防止は何をやればいいのですか？ 図面を眺めていてもなにも思い浮かびません

図面を眺めていてもできんよ。
問題の未然防止を検討するには、
ちょっとした「コツ」があるんだ

義のようにDRで「改善を図る」ことをしないのが一般的だ。問題点の抽出のみを行って、改善策については設計者に丸投げなのだ。これではDR本来の意味合いからすると片手落ちだ。DRは品質ツール＝フロントローディングを実施させる仕掛けであるから、改善策をDR出席メンバーで検討しなければならない。

また、DRがただの設計者を吊るしあげる会になってはいけない。そのような考え方のDRがあるとすれば、雰囲気は最悪で、設計者がプロジェクターの近くに立たされ、権限のある管理者から罵倒されるという光景が広がっているだろう。はたしてこのような雰囲気のDRを設計者が進んで開催するだろうか。その答えは誰にでもわかるとおり、ノーである。DR本来の目的である「改善を図る」ことを決して忘れてはいけない。

会話2-5

えー、今からA製品の駆動部分の説明を行います。駆動はカムを使用し……
設計くん

待て！ 誰がカムで設計しろって言った？ この場合は、サーボモーターを使用するに決まっているだろう。なぜそんなことも分からないんだ
設計部長

（そんなこと言われても前のモデルはカムだったし……）分かりました。サーボモーターで設計し直します
設計くん

会話2-5のように、DRでは思い付き発言や一方的に解決策を提示してはいけない。これでは設計者は何も発言できず、能力の向上にもつながらない。DRでは、設計者を吊るしあげるのではなく、設計者の設計思想を確認した上で、全員

でよりよい製品となるように話し合う。そして、問題点があれば改善策まで検討していく。そうすれば、設計者も、「自分の知らない、不足している知識を補ってもらい、設計品質を向上させよう」と感じ、進んでDRを開催するようになるだろう。

(3) FMEA (Failure Modes Effect Analysis)/故障モード影響解析

FMEAは非常に古くからある品質ツールであるため、活用している企業が多いのではないだろうか。DRの次に活用されているように感じられる。しかし、近年ではFMEAを実施しない企業や、実施したとしても設計者の片手間になってしまっている状況をよく目にする。

多くの設計者は、過去のFMEAを探し、同じ部品やアセンブリの故障モードをコピーして貼り付けしただけで完成としている。それでは過去に予測した内容と同じ部分しか検討されていない。気を付けるべき点は、使用される環境が変わるような場合に、他に故障モードがないかを検討しなければならないことである。

(4) FTA (Failure Tree Analysis)/問題分析手法

トップ事象からその原因を下位レベルに展開して、トップ事象とその原因の関係を定性的、定量的に把握する目的で用いられる手法のことである。実はFMEAと深い因果関係にあるツールである。FTAをトップダウン方式と呼ぶことが多いが、その反対にFMEAはボトムアップ方式と呼ばれる。

FTAは製品故障の影響を知っており、改装の情報を得られる場合に使用する。つまり、想定外の故障モードについては検討しないのだ。そこで使用されるのが、FMEAである。FMEAでは想定外の故障を発見することが可能である。また、製品の用途や使用方法の情報が明確になっている場合に使用される。このようにFMEAとFTA両方を使用することにより、故障モードを予測することが可能となる。また、FTAを実施せずとも過去トラブルチェックシートなどで代用している企業も多くある。

(5) DRBFM（Design Review Based on Failure Modes）/トラブル未然防止活動

DRBFMは設計の変更点や条件・環境の変化点に着眼した心配事項の事前検討を設計者が行い、さらにDRを通して、設計者が気付いていない心配事項を洗い出す手法のことである。この結果得られる改善などを設計・評価・製造部門へ反映することで、問題の未然防止を図る。

DRBFMは上記の内容で解説されていることが多いが、DRBFMの誕生の経緯を含めて考えると、FMEAが今の時代には合わない品質ツールになってきているため、時代の流れに合わせたFMEAを作ろうということで誕生したと考えられる。流用元から変更した部分についての故障モードを抽出する。もしくは設計内容が流用元と同じであっても、使われ方が変わる、使用環境が変わるなどの部分について故障モードを抽出する。このように品質ツールも同じ使い方ではなく、時代によって内容を変更していかなければならない。

(6) QFD（Quality Function Deployment）/要求品質展開

QFDは顧客の満足が得られる設計品質を設定し、その設計意図を製造工程まで展開するために用いられる手法である。

使用方法は、縦軸に顧客のニーズから展開された技術的手段を記載し、横軸に品質特性項目（耐久性など）を記載する。顧客のニーズから展開された技術的手段と関連の深い品質特性項目にチェックを付け、縦軸でチェックの合計点数を計算する（計算方法は後ほど紹介する）。点数の高い品質特性項目が、顧客のニーズと関連が深いということになる。よって、その品質特性項目を競合他社と比べながら、目標となる品質の指標を設定していく。目標品質や性能を決めるときに使用するツールであるため、目標決定があいまいであればあるほど、基本設計段階での手戻りが多くなる。そのため、設計開始時点で目標数値を明確な根拠（顧客のニーズ）を元に決定する。

(7) CAE（Computer Aided Engineering）/コンピューターシミュレーション

CAEは説明しなくとも実践している企業が多いが、定義のみ解説する。高度な科学的技術計算を用いて、様々な製品モデルなどのシミュレーションや解析を行うために用いる手法である。CADで設計されたモデルの機能・性能を様々な角度からシミュレーションし、その結果を目に視える形に変換する。

(8) 検図

検図は図面が描かれ始めた当初から存在する。しかし、検図の目的を改めて考えたことはないだろう。検図を行う目的は、「要求性能、品質、コスト、納期を満たすことができているか」を検証することである。多くの企業で実施されている検図は、「図面の描き方（＝製図の方法）」の問題点のみを抽出していることが多い。それは正しい検図ではない。検図はDRと並んで、各設計プロセスのゲートとなる品質ツールであり、DRでは検証しきれない図面の詳細部分のQCDを担保できているか確認する必要がある。

DRで検証するべきは設計内容についてのストーリー、評価に対しての諸条件とその結果、最終的な製品でのできばえの予測などであり、DRで全ての図面を検証することは不可能である。検図では、設計図がDRで検証された結果や設計基準に基づき構成されているか、はめあい公差などの視点により詳細部分の組立が可能か、などを検証しなければならない。

もう一度言うが、「図面の描き方」に対しての問題点のみを抽出してはいけない。第一優先で確認すべき内容は、その図面で目標とするQCDが達成可能かどうかである。

(9) モジュラー設計

モジュラー設計もフロントローディングを実現するための品質ツールの1つである。モジュラー設計は、製品を構成する部品を機能単位にまとめ、これを組み合わせることによって、顧客ニーズに対応しようとする仕組みである。日本古来より強みにしてきた擦り合わせ設計から脱却し、高い品質、低い原価、短いリードタイムでの設計、顧客ニーズの実現を可能にする。

最後に品質ツールをまとめてみよう（**図表2-9**）。

いかがだろうか。9つの品質ツールを紹介したが、どのツールも昔からあるツールや仕組みである。今の時代もこれらのツールや仕組みをうまく組み合わ

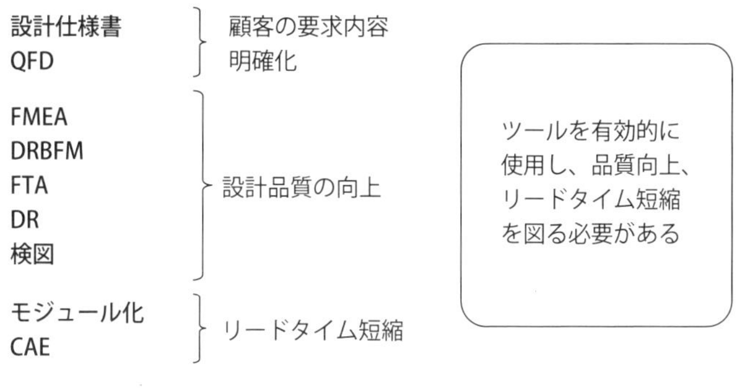

図表2-9　9つのツール

せ、活用しながら、フロントローディングの実現を可能にしなければならない。

5）使用するべき技術ノウハウ

技術ノウハウとはなんだろうか？「設計とは」という問いと同様に「技術ノウハウ」も一言で表すことは難しいだろう。

技術ノウハウが凝縮されたものが図面であり、製品でもある。市場や顧客から要求されている内容を実現するメカニズムこそが技術ノウハウである。製造業ではその技術ノウハウがないと製品設計はできないし、製造もできないだろう。よって、技術ノウハウは「企業価値」そのものなのだ。

製造業においては、企業価値の大部分を技術ノウハウが占めている。もちろん、営業ノウハウ、生産ノウハウ、購買ノウハウ、サービスノウハウなど、各機能部門にノウハウが存在しており、その融合で企業の価値が決まる。加えて、働きやすさやコミュニケーションも企業価値を決めるためのものだろう（一般的に言われている企業価値とは投資の結果、将来発生すると見込まれるキャッシュの総額をいうが、あくまでもキャッシュという定量的な数値で見た場合の企業価値である。ここで私が読者に伝えたい企業価値は、定性的な企業価値である）。

この企業価値の大部分を示すノウハウ、特に技術ノウハウが十分に伝承されていれば、企業はゴーイングコンサーンが可能である。しかし、技術ノウハウが伝承されていない企業は非常に多い。設計者は、日本でよくいう「職人気質」な人

会話2-6

技術ノウハウが図面に含まれていることは理解できるのですが、そのノウハウをどうやって使用、展開するんですかね？

そこに問題が起きているようだな。図面だけ見てノウハウが 100% 理解できるものでもないし、口頭だけで教えられるものでもない。プロセスに沿って使えるノウハウに整理しなければならない

間が多く、一子相伝で技術ノウハウを伝えていく傾向にある。しかし、その一子相伝も技術ノウハウの量が多くなればなるほど伝承されない部分も発生してしまい、ベテラン設計者でなければ同じ構造を創造できないといった問題が発生してしまっている。

会話2-6のように、ノウハウは使える状態になって初めてノウハウと呼べる。ベテラン設計者が属人的に保有しているだけでは、正しい技術ノウハウとは呼べない。技術ノウハウを各プロセスで正しく使える状態にしたうえで、誰でもいつでも技術ノウハウを簡単に引き出すことができて、かつ使える状態にしなければならない。

3 設計開発プロセスのあるべき姿

1）設計開発の基本原理

「設計開発とは何か？」という問いに「○○です！」と一言で答えることは非常に難しい。設計開発には様々な型が存在し、企業によって設計開発に求められる役割と責任が異なるからである。しかし、求められる役割と責任が異なっても、設計開発の原理原則は変わらず、その原理原則を元に企業ごとに役割と責任を付与したうえで、設計開発の業務内容が決まってくる。では、設計開発の原理原則とは何かを考えてみよう（**会話2-7**）。

会話2-7

設計開発の基本原理と言われても……。よく分かりませんが、まぁ図面さえ描くことができれば、一応設計と名乗っていいんじゃないですかね？

設計くん

図面が描けたからといって、設計開発の基本原理が理解できているとは限らんぞ！図面はCADの操作スキルさえあれば描くことができるが、それは設計開発ができることにはつながらんのだ！

プロセスマン

設計開発部門の最終アウトプットは確かに図面だが、図面はあくまでもアウトプットの1つにすぎない。図面の役割を掘り下げて考えると、「製造者に設計者の意図を明確に伝える伝達手段の1つ」なのだ。伝達する手段の1つであるということは、本来図面にこだわる必要はない。箇条書きの手紙でもいいのだ。しかし、図面は関係者が共通認識を持った、製図というルールで書かれたドキュメントであるため、設計者の意図を伝えやすい。そのため全員が図面という伝達手段を使用しているのである。では図面はどのようにしてできるのだろうか。設計開発部門の役割として、下記の4つの部門と関わりを持っている。

①営業部門・製品企画部門

営業部門・製品企画部門から顧客の情報、要求内容、要求価格、要求納期の情報が伝達される。その中で特に要求内容については、営業部門・製品企画部門だけではなく、設計開発部門が顧客と直接ヒアリングを重ねるなどして、さらに細かい情報収集を図っていく。この情報を元に、製品の仕様を決定していく。

②品質関連部門

品質関連部門からは市場から要求される品質情報が伝達される。顧客のみではなく、市場全体からその製品に要求されるであろう品質情報を整理し、設計開発部門に伝達する。この情報を元に設計開発部門は、製品に要求される目標品質を決定していく。

③購買・資材調達部門

購買・資材調達部門からは、協力会社からの生産ニーズの情報が伝達される。生産ニーズの情報から購入する部品や製作依頼するアセンブリなどの数、時期、内容などが設計開発部門で検討され、購買・資材調達部門で共有されていく。

また、近年ではEOL（End Of Life）と呼ばれる部品の生産終了が相次いでいる。設計する製品の販売寿命の中にEOL品が含まれていると、在庫がなくなった時点で設計変更しなければならなくなる。EOLの可能性を考慮し、使用してはいけない部品の情報を設計者に伝えなければならない。

④製造部門

製造部門からは生産ニーズの情報が伝達される。どの工場で生産するのか、生産するためにはどのラインを使用するのかなどが伝達される。この内容から、設計開発部門は生産を意識した設計内容を検討していく。

①〜④の情報を整理すると、下記のようになる。

機能設計：①、②【製品の機能を実現する手段を設計】
生産設計：③、④【製品の生産方法を設計】

設計開発部門では、機能設計と生産設計を実施し、最終的に図面を仕上げていく。機能設計と生産設計を実施するための具体的なプロセスは下記のようになる。

この機能・方式・仕様を決めていくのが設計開発部門の役割だ。他の部門から様々な情報を収集しながら、製品を創造する。この業務が設計開発部門の役割であって、図面を作成することではない。また、情報を収集しなければならないため、各部門に対するマネジメント能力も必要となる。

この3つのプロセスは必ず設計者が実施している。そのつながりや方式がドキュメントに残っていないことが多い。また、ドキュメントは残しているものの設計者ごとに作成するドキュメントの内容が異なっていたり、精度が異なることによりDRなどで正しくレビューができていないことも多い。このような状況にならないためにも、しっかりと設計開発プロセスを定めたうえで、設計者が異なっても同じ品質を確保しなければならない（**会話2-8**）。

設計の役割

顧客の要求する最高の「機能・方式・仕様」を、最低のコストで製作可能にする。

設計者の必要なスタンス

・設計思想を持つこと
・設計はマネジメント者であること

設計開発プロセスを考える上で設計の基本原理をどのように反映させていくべきかを考えてみよう。設計の基本原理で最も重要と考える内容は、先ほど説明した「機能、方式、仕様」の3つである（**図表2-10**）。市場や顧客からの要求を考

会話2-8

過去製品の機能や品質レベルを確認しようとしても、要求仕様書と納入図、製作図しか残っていないので確認できないことが多いですよね？

そうだな。過去の製品から流用設計しようと思っても、機能や品質レベルが分からないと流用しようにもできなくなる。そうならないためにも正しい設計開発プロセスの設定が必要なのだ！

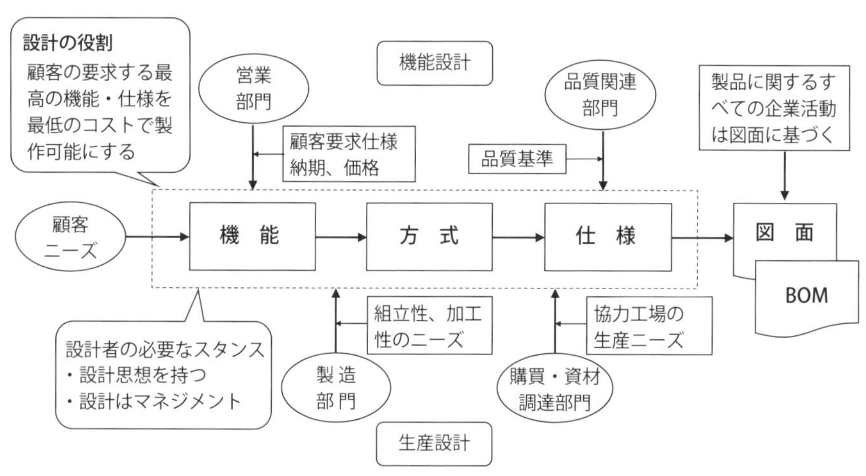

図表2-10　設計部門の役割と他の部門との関係性

えた場合、どのような機能を付与するべきかを考慮し、その機能を実現可能にする方式の選択、その方式で製品を設計した結果、どのようなスペックになるかを考える。

後ほど説明する「フロントローディング」を実現するためには、設計開発のインプット段階である「機能、方式、仕様」を設定するプロセスが最も重要となる。さらには、この「機能、方式、仕様」の内容を「設計仕様書」に記載することにより、設計者ごとのドキュメントの差異が小さくなる。また、その「設計仕様書」をDRでレビューし、内容を精査することにより、精度の高い情報を設計開発の基本設計にインプットできる。フロントローディングは「前工程で負荷をかけることにより、後工程での手戻り、やり直しを最小限にする」ことである。すなわち、最初の設計開発プロセス工程である「設計インプット情報プロセス」での成功がフロントローディングの実現を可能とする。この設計開発基本原理がいかに重要で、その企業の製品品質レベルを大きく左右するかは理解できるだろう。したがって、設計開発プロセスにおける設計インプット情報プロセスを構築しなければならない。

ここで、日本の製造業を過去まで振り返り、フロントローディングの必要性が高まった背景の成り立ちから考えていきたい（**図表2-11**）。日本の製造業（特に量産製品）が盛んになった時代、多くの製品を作って、検査をし、問題がない製品を市場や顧客に出荷しているような状態だった。つまり、設計品質や製造品質を各プロセスで確保せずに「とりあえず早く製品を製造しよう！」という流れである。これによって多くの製品製造は可能になるが、一定量の不良品が発生してしまい、製造コストが大幅に増加してしまう。その結果、製造コストが増加して利益率が低下し、会社が存続できなくなってしまう。現在でも、世の中にない製品を生み出し、設計、製造する時は、「まずは作ってみる」場合があるかもしれないが、昔は大多数が「まずは作ってみる」という時代であったのだ。まさに「検査重点主義の品質保証」の時代である。

検査重点主義の品質保証が終わりを迎え、多くの製品の品質レベルが向上した段階で改革されたのが、製造工程である。日本の製造業は世界を驚かせた「カイゼン」という言葉で、実に緻密な製造工程を構築し、製品の品質レベルを世界トップに押し上げた。高度成長期における「Japan as NO.1」と言われた時代

検査重点主義の
品質保証

確実に検査をするだけで不良品の市場流出は防げる。
⇒設計・製造起因で発生している不良を防いでいるわけではないため、不具合「0」は達成できない！

工程管理重点主義の
品質保証

品質を工程で造り込むというのは、製造品質を向上させ、製造起因の不具合を「0」にしようとする考え方である。
⇒製造品質は高まるが、設計起因による不具合を「0」にはできていない。

製品開発重点主義の
品質保証

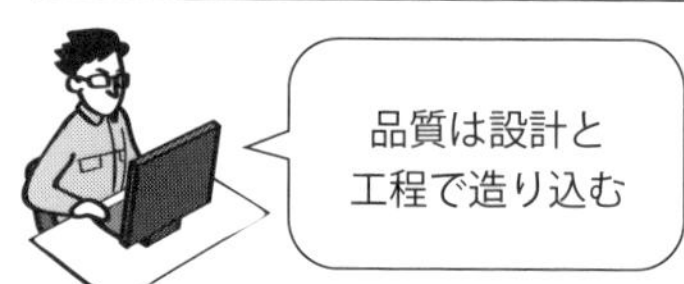

今の時代に求められているのは製品開発重点主義の品質保証である。目標の品質を立案し、達成可能な構造や機構を創造しなければならない。
⇒設計品質が向上すれば設計起因の不具合も減少し、製造品質も確保できる。

図表2-11　品質保証の考え方の変化

だ。製造工程で不良を排出しないという考えから始まった改革で、不良を排出しないように作業の手順化、製造装置の自働化（※）などが進んだ。

製造段階における不良が小さくなった結果、残すは設計段階での不良のみと

（※）自働化：トヨタ自動車で使用されている言葉である。装置が問題を認識すると、ただちに生産ラインが停止されることにより不良が後工程に流出しなくなる。トヨタ自動車の「自働化」は人の「働き」を機械に置き換えるという意味で、「自働化」の「働」に「ニンベン」がついている。

設計プロセスのあるべき姿

設計の基本原理とその役割、フロントローディングとコンカレントエンジニアリングを踏まえたうえで、設計プロセスのあるべき姿を明確化する。

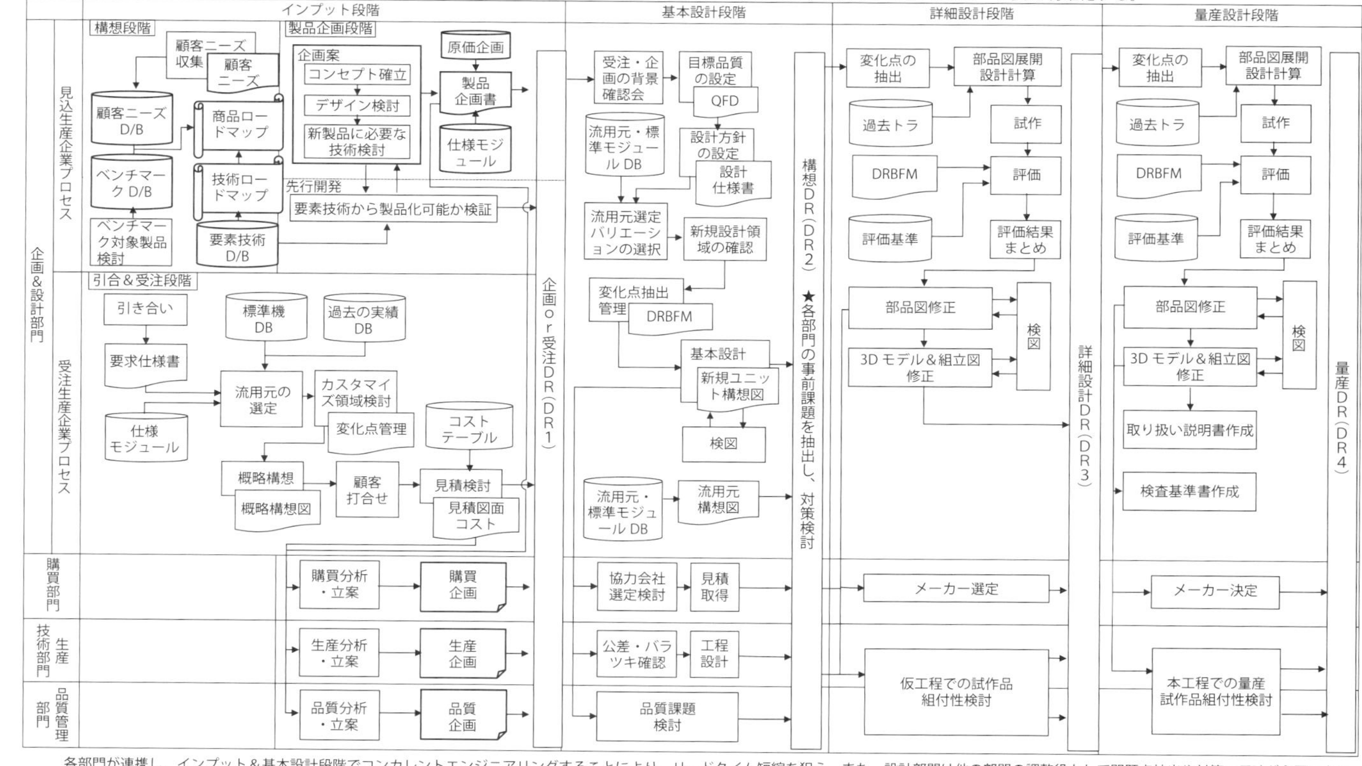

各部門が連携し、インプット＆基本設計段階でコンカレントエンジニアリングすることにより、リードタイム短縮を狙う。また、設計部門は他の部門の調整役として問題点抽出や対策の反映が必要である。

図表2-12　あるべき設計開発プロセス

なった。設計段階で決められた基準に基づいて製造しても、部品が組み付かないなどの問題が発生する場合がある。これは製造段階での品質がどれだけ良くなったとしてもなくならない不良である。この不良をなくすための改革が「製品開発重点主義の品質保証」である。この品質保証を行うために、フロントローディングの実現が不可欠であり、さらにフロントローディングを実現しようとすると、設計開発プロセスの構築が必須になってくるのだ。

能力がどれだけ向上しても、設計者が1人でできることには限度があるし、この世の中の全ての不具合事例を知っているわけではない。すなわち、設計者1人で設計品質を向上させるには限界がある。設計者全員もしくは企業全体で設計品質を向上させるために設計開発プロセスを定義し、確認を行いながら進めなければ、製品開発重点主義の品質保証の実現はできないのだ（**図表2-12**）。

2）設計開発インプット段階

(1) 受注生産でのインプット段階（引合・見積・受注段階）

受注生産では、顧客からの要望をまとめた上で概算設計し、見積もりを作成する。この段階で大枠となる設計内容が決まってしまうため、流用元の選定を含めて、構想設計を慎重に進めていかなければならない（**図表2-13**）。

ポイント1：要求仕様と仕様モジュール

①要求仕様書

受注生産品といっても、まったくのゼロから構想することは少なく、受注生産企業の営業担当者が自社の標準としている製品紹介をするところから営業活動が始まることが多い。その営業活動の中で、今まで設計・製造したことのない商品にチャレンジする場合もあるだろうが、それは非常にまれである。

顧客からの要求内容を確認するときに重要なのが、自社の標準機からカスタマイズポイントを確認するための「ヒアリングシート」である。多くの企業がヒアリングシートを使用し、要求仕様をさらに深堀りし、見積もりに反映している。要求仕様は顧客が実現したい内容を記載しているだけの資料である。実現したい内容や実現方法について構想があるならば、その内容をヒアリングしておかなけ

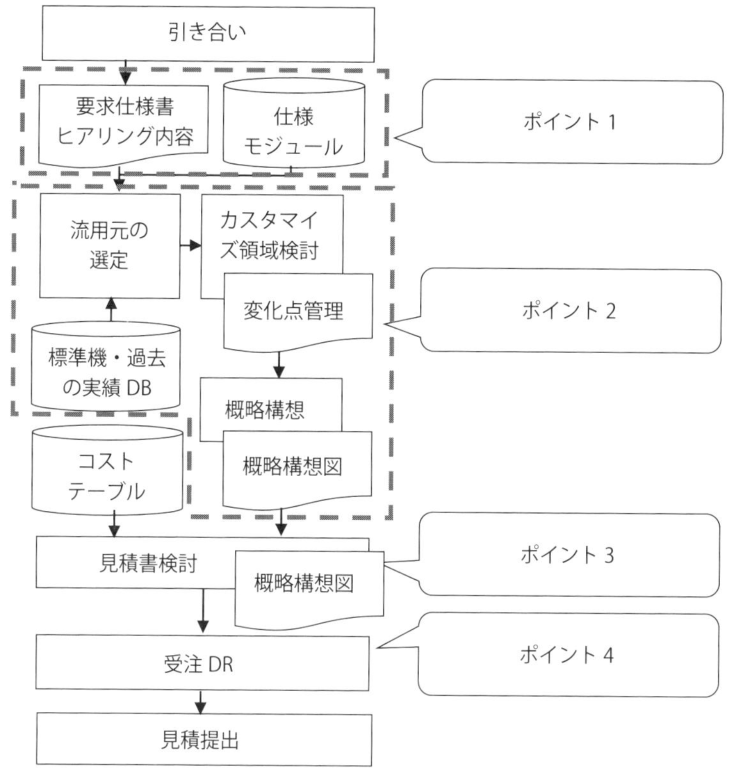

図表2-13　受注生産のインプット段階

ればならない。ヒアリング無しに要求仕様だけ受け取り設計にインプットしても、顧客の考えとの差異が必ず発生してしまい大きな手戻り（設計の一部やり直しなど）となってしまう（**会話2-9**）。

この手戻りで発生した設計工数は、当然、その製品の利益を減少させてしまう。多くの企業は設計費を「製造間接費」もしくは「販売費及び一般管理費の固定費」として計上しているため、設計工数がかかったとしても製品の利益≒限界利益もしくは売上総利益の減少はなく、一見利益は変わらないように見えてしまっている。しかし、営業利益については、手戻りが発生した設計費分減少している（手戻りにより残業や休日出勤が増加すれば、その分だけ人件費が増加する）。このように会社全体の利益を考え、手戻りがないようなインプット情報を

会話2-9

お客様から提供された要求仕様書です。この内容で設計してください

ま、待ってください。要求仕様書だけでは設計できませんよ。ひとりよがりの設計になって、お客様から必ず変更の依頼がきますし、最悪クレームになりますよ！

ヒアリングシート

ヒアリング内容	ヒアリング結果
ニーズ	
商品（標準機）	
予算価格	
性能・品質レベル	
商品＋αで実現したい内容	
使用環境（国も含む）	
使用者	
使用材料	
使用禁止材料	
遵守規制内容	
稼働時間（連続稼働時間）	
希望納期（標準納期紹介後）	
過去の商品使用実績	
その他	

図表2-14　ヒアリングシート

設計部門に提供するための仕組みをしっかりと構築する必要がある。

簡単なヒアリングシートを**図表2-14**に紹介する。下記のようなフレームをもとに、営業部門と設計部門で検討してみてほしい（設計へのインプット内容を中心に紹介するため、営業活動に必要な内容は最小限としている)。

②仕様モジュール

仕様モジュールとは、製品の仕様をモジュール体系にまとめたものである。顧客からの要求仕様書を元に自社の製品に展開するために、詳細な仕様を検討していかなければならない。仕様モジュールの考え方を整理する。

> 目的
> 設計のインプットである仕様書の内容を、検討・作成を担当する設計者ごとのばらつきを無くし、顧客に対して付加価値の高い仕様の設定を可能とすること。

この目的を達成するために、仕様モジュールを設定していく。簡単にいうならば、各ユニットや部品に対しての設定基準を作成したのが、「構造モジュール≒一般的なモジュール化」であり、各仕様に対しての設定基準を作成したものが「仕様モジュール」と考えてもらえばわかりやすいだろう。では、仕様モジュールの進め方、内容を解説していこう。

A：仕様モジュールの内容

具体的な事例で説明した方が理解しやすいため、ライターの仕様事例から仕様モジュールを解説していこう。

> (1) 主仕様
> ①点火回数2000回程度
> ②使用温度環境：0～40℃
> ③CR（チャイルドレジスタンス）規制対応
> (2) 点火方式
> フリント（石）式

(3) 重量

24g

(4) サイズ

H100×W30×D20mm

このような仕様があるとする。この仕様で考えた場合、市場からの要求により変更される可能性がある部分は、点火回数と点火方式だ。使用する環境によっては、点火回数がもっと少なく、重量が軽いライターが望まれている場合もある。また、点火方式についても同様で、使用者によっては電子式（ワンタッチ着火）が望まれる場合もあるだろう。このように様々な仕様があり、それを環境や使用者によって変更しなければならない。その変更が設計者によってばらつきがあると、多くの派生モデルが発生してしまう。そうならないように仕様を選択する場合のルール選定が必要なのだ。構造モジュールでいう設計ルールと同様である。

(1) 主仕様

点火回数2000回程度⇔点火回数3000、1000回

(2) 点火方式

フリント（石）式⇔電子式

(3) 重量

24g⇔18g

(4) サイズ

H100×W30×D20mm⇔H70×W30×20mm

(1)～(4) の仕様を選択する場合のルールを選定したものが、「仕様モジュール」となる。では、仕様モジュールはどのような進め方で設定するのだろうか。確認していこう。

B：仕様モジュール構築の進め方

全体的な進め方は下記のようになる。

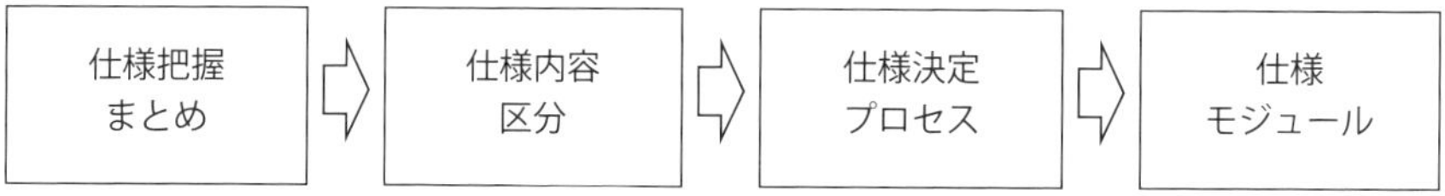

仕様把握まとめ ⇒ 仕様内容区分 ⇒ 仕様決定プロセス ⇒ 仕様モジュール

上記の進め方を先ほどのライターに当てはめて、解説していこう。

(a) 仕様把握まとめ

今回解説しているライターに関しては、先ほどの内容がすべての仕様としている（本来はもっと多くの仕様が存在するが、解説を簡単にするために上記の内容のみとする）。仕様把握まとめについては、構造モジュールの進め方で解説しており、基本的には同じ内容である。ただし、部品などの詳細内容について検討する必要はなく、仕様の把握に留めても問題ない。

(b) 仕様内容区分

仕様内容区分については、構造モジュールの区分関係と同様のように「固定部・選択部・変動部」を検討していく。では、ライターではどのような区分になるのだろうか。

(1) 主仕様【選択部】

点火回数2000回程度⇔点火回数3000回、1000回

(2) 点火方式【選択部】

フリント（石）式⇔電子式

(3) 重量【変動部】

24g⇔18g

(4) サイズ【H：変動部・WD：固定部】

H100×W30×D20mm⇔H70×W30×20mm

• 点火回数

点火回数については、1000、2000、3000回の仕様が過去に存在しているため、選択部に設定した。1500、2500回などの仕様も設定することが可能だが、自由に設定してしまうと派生の仕様が発生してしまうため、3種類から選択で

きるようにした。また、1000回と1500回の500回程度の違いでライターを選ぶ顧客は少なく、その程度の違いであれば、多くの顧客は価格で選ぶことが多い。よって、はっきりと性能の違いが分かる1000回単位の違いとした。

- 点火方式

点火方式については2種類しかないため、選択部に設定した。

- 重量

重量については変動部に設定した。構造モジュールの中でも解説しているが、様々な部品の材質が異なる場合があったり、また、サイズの違いにより、重量が変わってしまうからだ。よって、重量については、他の仕様に依存して変更されることとなる。

- サイズ

高さのみ変動部に設定した。点火回数の変化により、高さが変更される。また、ターゲットとなる顧客の変化により、点火回数が同じでも高さを変更した方がよい場合もある。過去の実績を考えると様々なターゲット顧客に対して、高さを変更しているため、変動部に設定した。

以上のように、過去の製品仕様や顧客の使用環境、ターゲット顧客などを把握しながら、各区分を設定していく。

(c) 仕様決定プロセス

仕様決定プロセスでは、各仕様の依存関係について視える化をする作業となる。顧客や市場からの要求によって決まる仕様を選択すると、紐づいて設定される仕様を明確にしていく。仕様内容区分と同じようにライターで解説していく。

設定する段階は、**図表2-15**のように「顧客インプット」「第1階層」「第2階層」となる。顧客インプットの仕様項目はあくまでも顧客が設定するものであり、その企業で設定する項目ではない。受注生産の場合は、顧客が要求仕様書で直接、設定してくるだろう。量産品生産の場合は、顧客が紐づいていないため、ターゲットとなる顧客を設定し、その顧客が製品を選ぶために必要な仕様項目となる。

ライターの例では、点火回数と点火方式の2つにより選ばれる。次に第1階層以降は、顧客からのインプットを受けて企業が設定する仕様である。ライターの

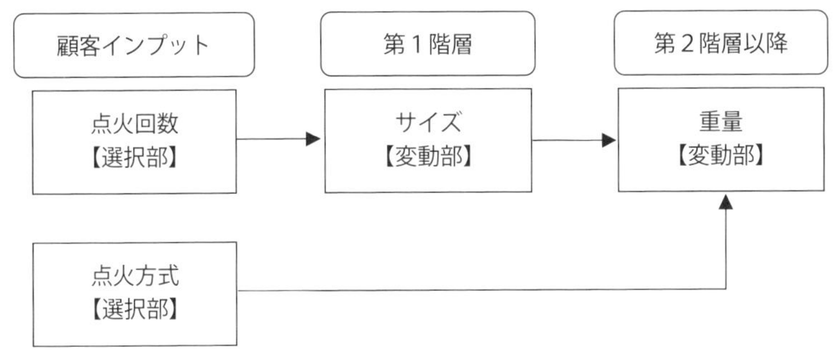

図表2-15　仕様決定プロセス図

場合、点火回数により、サイズ（点火回数を増加させるためには多くの燃料が必要となる）が決まる。よって、サイズを自由に決めるのではなく、顧客が求める点火回数によって、最小のサイズが決まるのだ。さらに、サイズや点火方式が決まれば、最低の重量も決まってくる。あくまでも最低の重量であり、他の機能部品を追加すれば、重要も変化するだろう。このように、各仕様の依存関係から、どのように仕様が決定されていくのかを明確にしていく。

(d) 仕様モジュール

(a)～(c) の内容をまとめていき、各仕様項目に対して区分関係、依存関係、選択のルールを記載していく。ライターでいえば**図表2-16**のようになる。

このように選択のルールを各仕様で設定することにより、誰でも同じ仕様が設定可能となる。

ポイント2：流用元の選定・カスタマイズ領域検討・概略構想設計

①流用元の選定

顧客からの要求仕様を確認し、流用元を選定する。この時に流用元を選択した根拠を残しておく必要がある。この製品を次に流用しようとした場合、顧客からの要求に対して、どのような理由で流用元を選択したのかが分かる。そうすることで流用元としての選択が正しいか、検証ができるからである。流用元の選択を間違ってしまうと、カスタマイズしなければならない領域が増加すると共に、その顧客の要求に必要のない機能も入ってしまう場合があり、機能を削減しなけれ

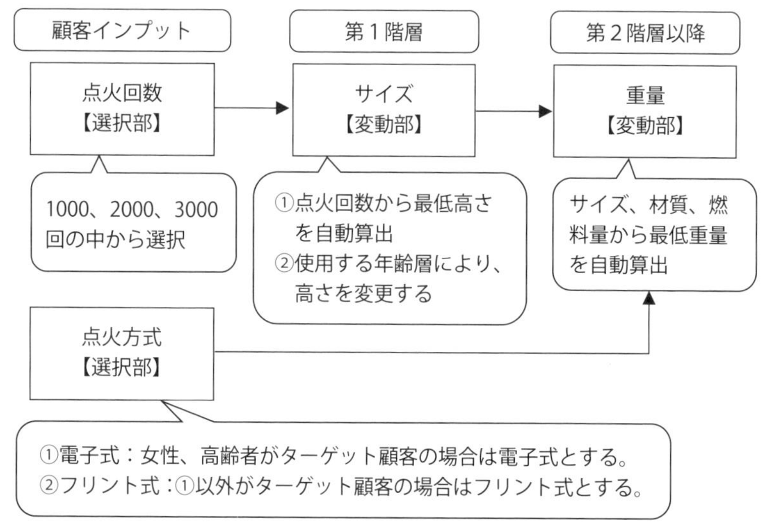
顧客インプット
第１階層
第２階層以降
点火回数
【選択部】
サイズ
【変動部】
重量
【変動部】
1000、2000、3000
回の中から選択
①点火回数から最低高さ
を自動算出
②使用する年齢層により、
高さを変更する
サイズ、材質、燃
料量から最低重量
を自動算出
点火方式
【選択部】
①電子式：女性、高齢者がターゲット顧客の場合は電子式とする。
②フリント式：①以外がターゲット顧客の場合はフリント式とする。

図表2-16　仕様モジュール図

ばならない。設計にとって、機能を削減する作業は非常に難しい。1つの部品に複数の機能を持たせていることが多く、機能の削減により、部品の変更を余儀なくされる。このような機能を削減する場合にミスが多発している。

機能を削減しなくとも顧客の要求に答えることができる状態＝「モジュール化」が理想である。最低限の機能を保有している構造を基本とし、顧客の要求に対して機能を付け加えていく。単に機能を付け加えるのではなく、顧客にとって必要だと考えられる「機能群を集約≒モジュールのパッケージ化」を行い、1つの部品に複数の機能を保有させ、求められる機能を最小限の構造で実現する。このような流用元であれば、決められた手順通りモジュールを選択するだけで、流用元を完成させることが可能になる。

②カスタマイズ領域検討

いかに完璧なモジュールを作ったとしても、顧客からの要求は無限にあり、全ての要求を予測し、モジュールに落とし込むことは難しいだろう。そのため、受注生産の企業ではカスタマイズ領域が必ず発生する。見積もりを作成するためには、このカスタマイズ領域を明確にすることが非常に重要である。顧客が求めている新たな機能をどのような方式で実現するのかを検討し、仕様・スペックに落とし込んでいく。この段階ではあくまでも概略構想であるため、機能を実現するための方式の方向性までにとどめておく（方式をどのような部品で実現するのかを検討しようとすると、多くの時間が必要になってしまう。見積もり提出後、受注できるかどうか分からない状態であるため、見積もりが検討できる最低限の構造検討にとどめておくこと）。このカスタマイズ領域の方向性が定まった段階で「変化点管理」を実施しておく（変化点管理の詳細内容については、第3章で説明する）。この変化点管理に示されている「カスタマイズ内容」が構想・基本設計へのインプットとなる。

仮に変化点管理がなされていない場合、流用元から何をどのように変更しているのかを確認しなければならず、顧客が求めている機能を実現するための方式・構造に漏れが発生する恐れがある（**会話2-10**）。特に引合・見積・受注段階と基本設計段階で設計者が異なることが多く、変更点・変化点の伝達ミスによる不具合・クレームが多く発生している。受注生産の企業では、見積もりを管理職が行い、その後、受注が確定すると、管理職が作成した見積り内容を元に設計リーダー（係長や主任職）が構想・基本設計を実施していくことが多い。伝達ミスが発生しないよう「変化点管理」は必ず実施しなければならない。

会話2-10

おい！ この見積もりの内容で受注したから、早速設計に入ってくれ！

ひとりよがりの設計者

設計くん

わ、わかりました！（見積図を確認）（うわぁ、流用元から何が変わっているのか洗い出さなきゃ……）

③概略構想設計

ここでは、流用元からどのような点が変更され、新しい機能を実現するための方式はどのような形状の構造になるのかを検討する。詳細な構造検討の必要はなく、あくまでも方式が理解でき、その方式での概算見積が可能な状況まで設計を進める。正確な見積もりを作成しようと思うと、部品図まで必要になってしまい、詳細設計段階まで進まなければ分からない。しかし、あくまでも受注前段階であることを踏まえると、受注するかどうか分からない案件に対して、多くの工数を投入することはできない。設計のポイントは、「顧客に方式を説明できる」、「概算見積もりの検討ができる」状態を目指す。

ポイント3：見積書検討

概算見積もりを行う際に、必要なのがコストテーブルである。過去からの製品やユニットごとのコストテーブルがあり、流用元のコストについては、すぐに算出が可能である。また、新しい機能を実現するための方式については、過去に類似した構造がないか調査を行い、存在すれば過去の類似した構造のユニットのコストを参考にし、概算見積価格を設定する。全く新しい機能であり、類似した構造が無い場合は、競合他社を含め類似の構造ユニットがないか調査を行う。類似のユニットが存在すれば、市場価格を調査し、値決めを行う。

価格は、「顧客・市場が設定するもの」である。しかし、まだこの世の中にない機能を実現した製品の場合は、メーカー側が市場価格を設定することができ、他社に対して大きなアドバンテージを持つことが可能となる。

ここで重要なのがコストテーブルである。過去の製品販売価格は営業部門が保有していることが多いが、製品のユニットごとの価格についてはコストテーブルを保有している企業は少ない。これもモジュール化の考え方であるが、製品全体の価格のみを管理していたとしても、まったく同じ製品（＝リピート）を受注した場合であれば、その価格のまま再度販売することが可能だが、一部のユニットを除外し、新たな機能のユニットを付ける場合が多い。

市場も大きく変化しており、何年も同様の機能のみの装置で生産した製品が売れ続けるとは限らない。むしろ可能性としては少ないだろう。よって、ユニットがカスタマイズされることは日常茶飯事である。その現状にも関わらず、製品ごとのコストテーブルしか保有していないようであれば、見積価格の精度が低くなり、製品ごとの利益が減少していってしまう可能性が高い。しっかりとユニットごとのコストテーブルを保有できるようにデータベースを構築してほしい。

会話2-11のように営業担当者が最終的に値決めをしなければならないが、値決めのための情報が不足していることが多い。過去の製品をユニットで区分し、コストテーブルを使用していないとこのような事態に陥ってしまう。特に見積もりに時間がかかっている企業は、コストテーブルをユニットごとに管理することを検討してみてほしい。

会話2-11

概略設計としてはこんなもんだろう。見積もりをよろしく頼む

ひとりよがりの設計者

営業担当者

わかりました！ でもこの部分って、新しい機能が含まれているので、見積もりできませんけど、どうしましょう？

おいおい。過去に類似の機能を持った別の製品があるだろう。それを参考にしてくれ。今から協力会社に見積もりを取っていると提出がかなり遅くなるぞ

ひとりよがりの設計者

ポイント4：受注DR

見積もりまで終了したら、内容に問題がないか、顧客に提出してもよい見積もりになっているかを判断するために受注DRを実施する。受注DRは営業部門が主管となって実施する。本来の受注DRでは、顧客目線になって、その仕様・スペックで顧客が満足するのか、付加価値を感じてもらえるのかを検討しなければならないが、よくある受注DRでは、設計の問題点のみを議論してしまい、設計者が吊るしあげに合うようなDRになっていることが多い。下記のようなDRになっていないだろうか。

- DR出席者の全員が意見を言わず、営業と設計の説明会になっている
- 重箱の隅をつつくような問題点指摘に留まっている
- 「コストが高い」とだけ発言し、コスト低減の議論をしていない
- 設計仕様の部分は設計者任せで、コストとリードタイムの話しかしない
- 声の大きい人だけが発言し、出席者全員の合意を得ていないにも関わらず、DRを通過してしまう

このようなDRでは設計者が本音で議論できず、DRを通すためだけのドキュメントを作成しかねないうえに、顧客からの不具合・クレームに繋がりかねない。顧客目線になり、品質（仕様・スペックも含む)、コスト、リードタイムを議論しなければならない（**会話2-12**)。

受注DRの目的・主眼は、「顧客目線での性能・品質（仕様・スペックも含む）が実現できているか、また、提供できる付加価値は具体的になっているか」が議論の中心であり、設計の手法や構造、コスト、リードタイムについては、目的・主眼が明確になってから議論する必要がある。その内容を議論し、最終的にはこの内容で受注していいかどうかをしっかりと判断しなければならない。あくまでも受注DRは会社にとって受注するべき案件なのかどうかを含めて検討しなければならない。

(2) 見込生産でのインプット段階（市場創造・商品企画段階)

見込生産（量産製品がメイン）では、受注生産と異なり、その製品を買ってく

会話2-12

どうせいつもひとりよがりさんの一存で全てが決まってしまうから、流用元を少しだけ変えるだけにしておこう……

それでは受注DRを実施する意味がないぞ！ 受注DRは営業と設計が考えたお客様に提供できる付加価値について議論するべきDRであり、仕様やスペックについて決めることを目的としてはならん！

れる顧客が決まっているわけではない。すでに同じ機能や性能を保有している製品を販売している場合は、顧客の購買意欲が低下してきた段階でマイナーチェンジをかけ、再度購買意欲を復活させることが目的となる。また、この世にまだ同じ機能や性能を保有している製品がない場合は、市場を新たに創造しなければならず、市場からのニーズを踏まえて商品の企画を検討しなければならない。一般的にいうフルモデルチェンジである。現状の製品を踏襲した形でフルモデルチェンジを行う場合もあるが、そのような場合の本質はマイナーチェンジであり、市場を創造するようなフルモデルチェンジとは異なる。よって、見込生産製品の場合はインプット段階のプロセスは3つ存在することとなる。整理してみると次のようになる。

①市場創造型フルモデルチェンジ
②現行踏襲型フルモデルチェンジ
③マイナーチェンジ

自動車メーカーなど、近年の動向を見ていると、②の現行踏襲型フルモデルチェンジが増加してきている。まるで①の市場創造型フルモデルチェンジを思わせるような形にチェンジしているが、機能や性能を示す基幹的な部分（たとえば、エンジンやシャシーのような部分）は変更せずに、デザインや運転のしやすさ、エンジン出力の出し方、変速の仕方、乗り心地などを中心に設計開発を行っている。現行製品のターゲット層だけではなく幅広い層を狙う、もしくはターゲットとなる顧客の層を大きく変えてきている。

上記のような開発スタイルに変わった大きな理由は、市場から要求される事柄が多くなってきており、開発費が増大しているからである。市場から要求される事柄は、「カーボンニュートラル」「省エネ」「環境規制」など自動車を開発するにあたって多くの制約条件が追加されてきている。その制約条件を現行の製品に当てはめるだけではコストが増大し、販売価格が高くなるか、同様の販売価格に設定すると性能や品質レベルを低下させなければならないなど、顧客に最適な製品を提供できなくなってしまう可能性が非常に高い。そのために、現行の製品を活用しつつ市場の様々な事柄をクリアし、現行の製品以上の付加価値を提供できるように開発している。一方で①の市場創造型フルモデルチェンジも合わせて実施していかなければならない。上記の内容を踏まえた上で設計インプットまでのプロセスを**図表2-17**で確認していこう。

ポイント1：商品・技術ロードマップ

見込み生産品では、顧客がすでに購入を決めている商品ではなく、販売後顧客が手に取って、「価値があるから、ほしい！」と思える未来のできごとを予測しなければならない。そのためには、商品のマーケティングが必要不可欠である。このマーケティングについては、設計者も調査する必要があるが、本書ではマーケティングができている前提で話を進めていく。

マーケティングが完了し、顧客が望む商品の方向性が定まった段階で、企画、設計リードタイムを勘案し、どのタイミングで発売するべきかを検討していく。この際に決してやってはいけないことが、企画や設計のリードタイムから販売タイミングを決めてしまうことである。そのような決定方法だと、自社の商品が顧客の手元に届くころには競合他社がすでに同様の商品を販売している可能性もあ

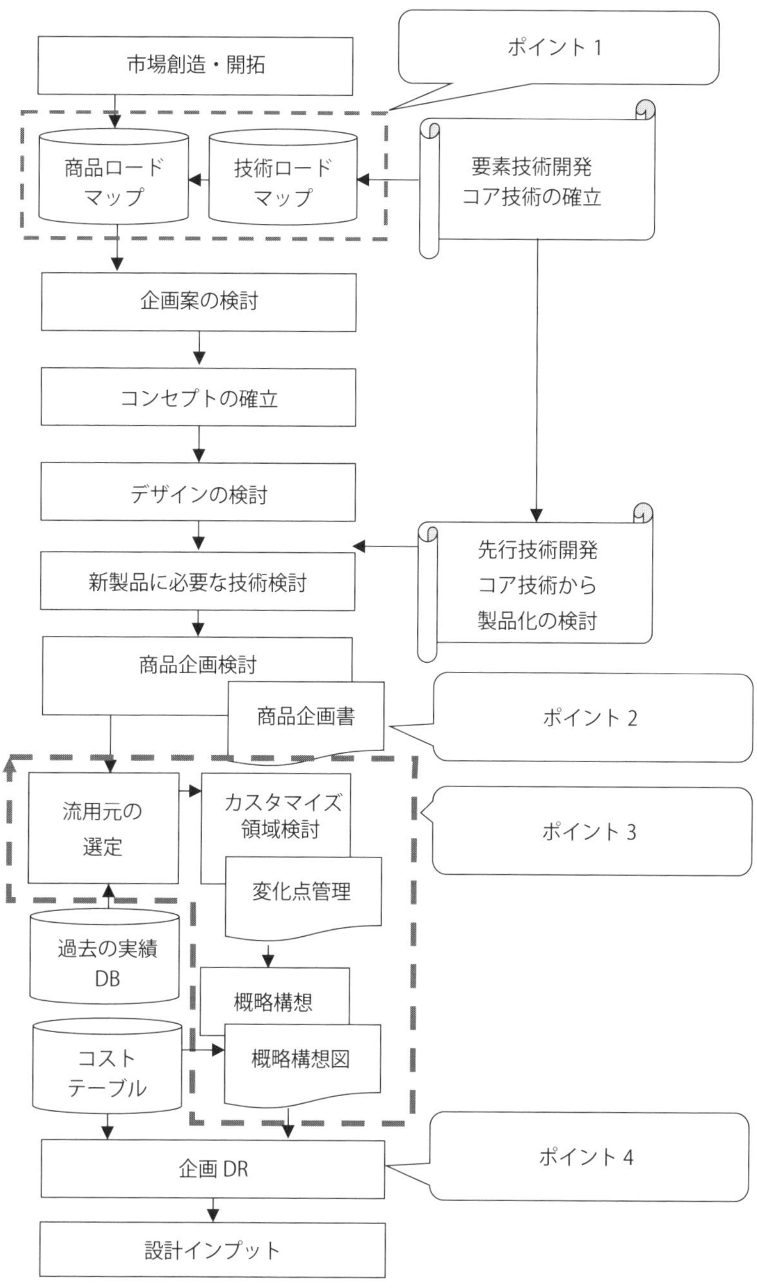

図表2-17　見込生産でのインプットプロセス

る。さらには顧客が必要なタイミングを逃し、「必要ない！」と感じてしまっては意味がなくなってしまう。企画や設計のリードタイムを無視してよいわけではないが、販売のタイミングについては、市場や顧客が「ほしい！」と感じる時期や、競合他社の開発状況を鑑みながら決定しなければならない。

販売時期が決定したら、企画と設計のリードタイムを設定し、企画と設計に着手する時期を決めていく。ここで重要なポイントが技術ロードマップである。商品ロードマップは「こんな商品を市場に投入したい！」という戦略なので、これだけでは机上の空論にすぎない。戦略を具体化していこうとすると、新商品にどのような技術が必要か、自社はどのような技術を持ち合わせているかを検討する必要がある。そこで、要素技術開発や先行技術開発のノウハウから商品に投入するべき技術内容を決定していく。これが技術のロードマップである。

規模が大きい企業は要素技術開発や先行技術開発の部門があり、自社の強みを活用しながら、さらに新しい技術を創造していく余力や実力があるため、この技術ロードマップは成立する。しかし、規模の小さい企業は前述のような技術要素を開発する余力を保有していることは少ない（**会話2-13**）。技術をゼロから開

会話2-13

市場ではこんな技術が求められていそうだな。よし！ 自社商品にその技術を組み込み、競争力を高めよう！ どうかな。いい考えだろ

待ってください。そんな技術、当社では持っていません。今から開発するとなると時間もかかるし、そもそも開発する余力がありません

発するには、資金も必要となるうえ、時間がかかってしまう。それではどうするべきなのか？

まずは自社の技術ノウハウを視える化することである。いきなり新しい技術を開発するのは難しくても、現状の技術ノウハウの改良であれば、小規模の企業でも進められるだろう。しかし、既存技術の改良のみでは、市場で他社との競争に勝ち続けることは難しい。そのため、要素技術開発がどうしても必要になる。新しい要素技術開発には、商品ロードマップとは異なるプロセスで進める必要がある。リードタイムが短い中で要素技術を創出するのは困難だろう。たとえば、外から技術を購入する、特許のライセンス料を支払い使用させてもらうなど、自社でゼロから開発しなくとも新しい要素技術を手に入れる方法はいくらでもある。その戦略を技術ロードマップで示さなければならない。規模の小さい企業では、このような戦略無くして市場に競争力の高い製品を送り出すのは困難であろう。

また、前述のような戦略を検討する際に重要なポイントが「付加価値」である。新しい技術といっても、競合他社が保有している技術を自社開発し進化させるだけでは、資本力のある大企業に太刀打ちできない。そのような戦略ではなく、「誰も気がついていない付加価値」を創造することが必要である。

話を戻して商品ロードマップと技術ロードマップを作成するための付加価値の考え方を紹介していきたい。付加価値というのは、商品ロードマップにも技術ロードマップにも必要なマーケティングから得られるインプット情報の1つであり、新しい商品を開発するにあたって、非常に重要なキーワードになってくる。

①モノ造りと付加価値の定義

モノ造りの定義

機能・品質が優れた商品を低コストで開発製造する

付加価値造りの定義

その企業しかできない、かつ市場や顧客にとって付加価値の高い商品を提供する

（引用：一橋ビジネスレビュー2010年　一橋大学イノベーション研究センター）

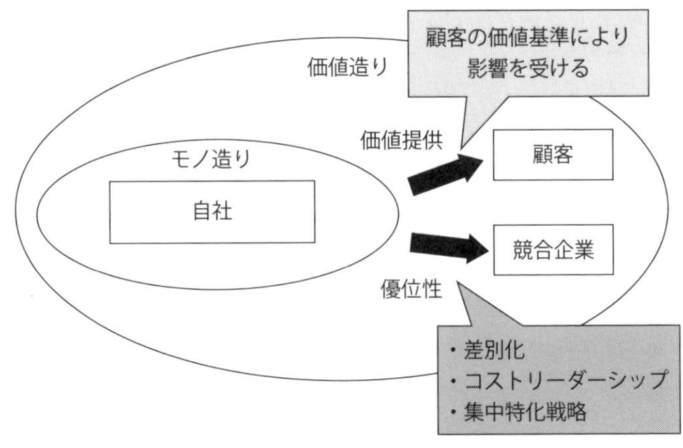

図表2-18　モノ造りと価値造り

上に2つの定義を示した。この2つの違いが分かるだろうか。モノ造りはあくまでも企業側が優れた商品を定義し、市場に投入するやり方であり、いわゆるシーズ志向型の商品開発である。付加価値造りは、シーズ志向中心ではなく、ニーズ志向中心である。市場や顧客にとって付加価値の高い製品とはなにかを考え、商品開発に反映していく方法である（**図表2-18**）。

今の世の中はモノ余りの時代である。同様の機能を保有している商品は多く存在し、その機能を高めていくだけでは、競争に勝ち残れない。勝ち残るためには、付加価値を造っていくことが重要である。競合他社に優位性を持つためには、先ほど説明したような機能や性能向上が必要となるが、優位性を持つのではなく、新しい価値を創造し、提供することにより、競合他社の存在は脅威ではなくなる。これを「価値造り」と呼ぶ。

②製品の価値とは

製品に付加価値が必要なことは前述したが、そもそも製品に対してどのような価値区分があるのかをあらためて考えてみたい。製品の価値とは、下記の2つに区分される。

製品の価値	=	機能的価値	+	意味的価値

機能的価値（客観的）：基本機能、仕様
意味的価値（主観的）：ブランド、デザイン、品質感、顧客の悩み解決（ソリューション）

高度経済成長時代、製品の価値は「機能的価値＞意味的価値」であり、できるだけ高性能・高品質の製品が多く売れていた。しかし、近年は機能的価値が飽和状態にあり、企業での差別化が非常に難しくなってきている。残された価値は意味的価値しか残っておらず、市場や顧客の要求が意味的価値にシフトしている。

特に製造業の場合は、ブランド、デザインも重要だが、最近では顧客の悩み解決や地球環境の課題解決に対しての価値が非常に高くなっている。今の自動車はまさに意味的価値（≒地球環境の課題解決）へのウエイトが高くなり、EVなど地球環境に優しい自動車への価値が高まっている（EVがバッテリーなどの製造、廃棄までの製品ライフサイクルで考えた場合に地球環境にやさしいかどうかの議論も存在するが、その点はいったん除外して考えてみたい）。マーケティングで抽出していくべき議論は、「意味的価値」を中心にしていってほしい。それによって、市場にはまだない、顧客に喜んでもらえる製品を創造できるだろう。

③意味的価値の価格転嫁

意味的価値を見出すことができれば、非常に高い価格で販売することができる。価格は市場が決めるものであり、メーカーが決めるものではないが、意味的価値のウエイトが高い製品については、メーカーが販売価格をコントロールできる。何らかの課題を早急に解決したいと思うと、価格が高くてもいいからすぐに製品がほしいと思うのは、おそらく私だけではないだろう。また、好みのデザインの製品（高級ブランドのカバンや小物など）を身に付けることにより、高揚感が高まり、個人のモチベーションに繋がるために意味的価値を求める人もいるだろう。そのようにして、メーカーが価格をコントロールできることにより、利益率も向上し、次の開発に投資できるという「好循環」も生まれやすくなる。

原価と販売価格という視点でさらに深堀りしていきたい。機能的価値に占める原価は非常に高い。品質や性能を向上させるためには、物理的に何かを加えたり、変えたりしなければならない。しかし、意味的価値においては、機能的価値ほど原価が高くはなく、多くは「新しいアイデアや発想」が中心となるため、人間の創造力がキーポイントになってくる。

たとえば、高級ブランド製品を考えてみよう。別の企業がまったく同じ素材を使用し、同様の形状でカバンを製作したとしても、高級ブランド品と同様の価格で販売することは難しい。高級ブランドから販売されている製品を保有するからこそ意味があるのだ。原価は同じであっても、ブランドが異なるだけで数倍の販売価格差が生まれてしまう。これが上記の意味的価値における原価の構成であり、「販売価格－原価」の結果が「製品の付加価値」となる（**図表2-19**）。

この製品の付加価値を考える具体的内容を説明しよう。本書で具体的例として説明したいのが「100円ライター」である。約100円という価格にも関わらず、よく考えられた構造になっており、企画者や設計者の努力が感じられる製品である（**図表2-20**）。まずは100円ライターの構造を理解してもらった上で、どの部分に付加価値が存在するかを確認してみよう。また、その考えた付加価値をどのように商品企画へ展開しているのかも合わせて検討してみたい。

100円ライターは19個の部品から成り立っている（**図表2-21**）。構造としては、着火関係、ガス噴射関係、燃料移送・貯蔵関係の部品群に分かれる。

着火モジュール（着火関係の部品群を着火モジュールと呼ぶ）は、噴射されたガスに火花が飛んで、着火現象が発生する部分である。ガス噴射モジュール（ガス噴射関係の部品群をガス噴射モジュールと呼ぶ）は貯蓄されているガスを霧状にし、決められた量、噴射する部分である。最後に燃料移送・貯蔵モジュール

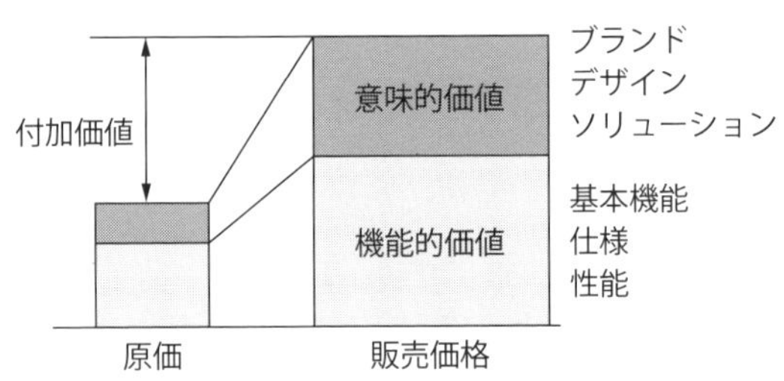

図表2-19　製品の付加価値

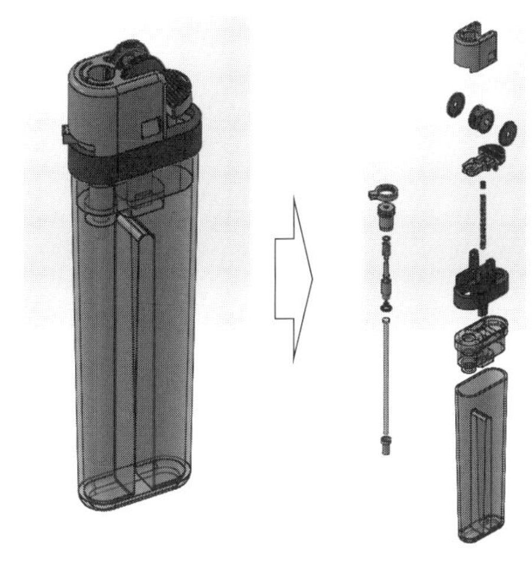

図表2-20　100円ライター構想3Dモデル

（燃料貯蔵関係の部品群を燃料移送・貯蔵モジュールと呼ぶ）は、液状の燃料を貯蔵し、ノズルに導く部分である。大きく分けるとこの3つのモジュールに分かれて構成されている（**図表2-22**）。

それでは、顧客のニーズを考えてみよう。顧客のニーズを考える際に考慮すべきなのは、「使い方」である。顧客が使うシーンを考えた上で、どのように製品を使用しているのかを考えると、顧客が使い方に困っていたり、悩んでいる点が浮かび上がってくる。実際に顧客が使っている場所に出向いて、直接見て、聞いてもいいだろう。では、100円ライターの具体的ニーズを確認してみよう。

100円ライターの顧客ニーズ

①手の高さから落としても故障しない
②点火しやすい
③操作が簡単
④同じ燃料量でも点火回数が多い
⑤子供が操作しても簡単に点火しない
⑥価格が安い

部番	①	②	③	④	⑤
部品名	カバー	アダプター	ケースカバーA	ガスケース	開放レバー
材質	SPCC3価クロム	樹脂	樹脂・透明	樹脂・透明黄色	樹脂・黒色
数	1	1	1	1	1
姿図			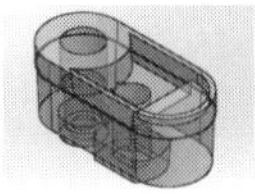	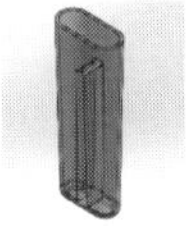	
部番	⑥	⑦	⑧	⑨	⑩
部品名	点火ギア	回転ギア	石	送りバネ	調整レバー
材質	鋼	鋼	フリント	バネ鋼・ニッケルメッキ	樹脂・黒色
数	1	2	1	1	1
姿図					
部番	⑪	⑫	⑬	⑭	⑮
部品名	調整ギア	ノズルバネ	発火ノズル	ノズルパッキンA	ノズルパッキンB
材質	樹脂・白色	バネ鋼・ニッケルメッキ	鋼・亜鉛メッキ	ゴム・黒色	ゴム・黒色
数	1	1	1	1	1
姿図			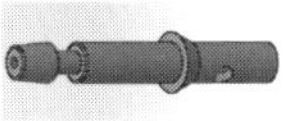		
部番	⑯	⑰	⑱	⑲	
部品名	ノズルキャップ	結合配管	芯棒	芯棒固定配管	
材質	ゴム・黒色	SWRM	樹脂・白色	SWRM	
数	1	1	1	1	
姿図			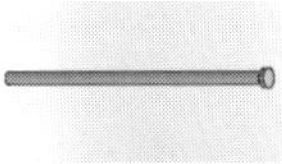		

図表2-21　100円ライター部品一覧

製品名	モジュール名	部分モジュール名	部品名
ライター	着火モジュール	点火作用モジュール	点火ギア
			回転ギア
			アダプター
		点火モジュール	送りバネ
			石
	ガス噴射モジュール		ノズルバネ
			噴射ノズル
			ノズルキャップ
			ノズルパッキンB
			開放レバー
			調節レバー
			調節ギア
			ケースカバーA
	燃料移送・貯蔵モジュール		結合配管
			芯棒
			ガスケース
			芯棒固定配管
			ノズルパッキンA

図表2-22　100円ライターモジュール構成表

このように日常的に使用しているライターでもさまざまなニーズがあることを理解してもらえたのではないかと思う。では、この部分にどのような付加価値があるのだろうか。

「②点火しやすい」と「③操作が簡単」は、まさに付加価値だろう。使うシーンとターゲットとなる顧客を考えてみよう。

たとえば、タバコを吸うためにライターを使用するときは、片手にタバコを持ち、もう一方の手でライターを使う。そうなると片手で操作できるような状態でなければならない。タバコ以外に使用する場合もそうだろう。線香やロウソクも同様である。「点火しやすく、操作が簡単なこと」が求められる。100円という価格からライターを選ぶ時に上記のニーズを試した上で購入することはほとんどない（そもそも100円ライターを販売しているお店では試せないことが多い）

が、使いにくいライターの場合は次に購入してもらえなくなってしまう。「この形状のライターはダメだ、使いにくい」という評価が口コミで広がってしまう可能性もある。それを避けるためにも、使いやすさは必須条件だろう。

さらに「使い方」を調査していくと、着火（※）に失敗しているシーンをよく見かけないだろうか。酸素の量とガスの量、火花がうまく融合しないと点火（※）しても、着火しない。この着火の成功率を向上させることも顧客を引き付ける要素となる。

また、「①手の高さから落としても故障しない」も非常に重要な要素である。落としてすぐに故障してしまうようでは、次から買ってもらえなくなってしまう。今は当たり前の機能になってしまっているが、この付加価値があってこそ100円ライターとして認識してもらっているのだ。使いやすい、操作が簡単、壊れないという付加価値を価格に転嫁可能になる。

タバコを吸う人にとっては、毎日使う必需品である。仏壇に線香を供える人も同様である。毎日多くの回数を使用する製品が使いにくいと感じられるのであれば、10円高くても使いやすい製品を選択する。このように少しでも使いやすいと感じれば、顧客は多少高くても製品を手に取ってくれるだろう。

このように顧客のニーズの抽出は、日常的な使用の仕方、使用しているシーンを想像しなければならない。使い方を想像しないで商品を企画してしまうと、メーカーのひとりよがりの製品になってしまう。その結果、顧客は満足することがなく、使ってもらえない製品になってしまう可能性が高い。企画者や設計者は顧客の正しいニーズをとらえる必要があり、そのニーズ抽出のプロセスを組み込まなければならない（**会話2-14**）。

④付加価値から商品・技術ロードマップを検討

抽出した付加価値を元に商品・技術ロードマップを検討していく。商品ロードマップ、技術ロードマップを作成するには市場ロードマップが必要になり、今後、どのように市場が変化していくのかを予測する必要がある。

（※）着火と点火の違い
着火：ガスと酸素があって、ガスが広がる様子のこと
点火：ガスに向かって、火花が飛んでいる様子のこと（着火の直前）

会話2-14

100円ライターの機能をそのままにサイズを小さくする企画を立ち上げよう！ 機能についてはお客様が満足しているだろう

「だろう」ではダメですよ！ 小さくすることが本当に求められているのでしょうか? むしろサイズはそのままに性能をあげる方が必要なのではないですか？

その通りだ。ニーズを「だろう」で判断してはいけない。必ずお客様のニーズを想像し、調査するプロセスが必要なのだ！

プロセスマン

市場ロードマップから社会の変化やトレンドを予測し、新商品を創出するタイミングを設定する。そのタイミングは、開発するためのリードタイムを含めて考えなければならない（**図表2-23**）。

開発開始のタイミングが明確になったら、新しい技術をその開発に投入していく。ただし、新しい技術は簡単に生み出せるものではなく、研究開発が必要となる。研究開発には、要素技術開発、先行技術開発の2つの要素に分かれるため、技術ロードマップ作成後、要素技術開発、先行技術開発を開始するタイミングを設定、もしくは外部から技術を調達する必要がある。

そして、市場・商品ロードマップから要素技術開発にインプットする。実現し

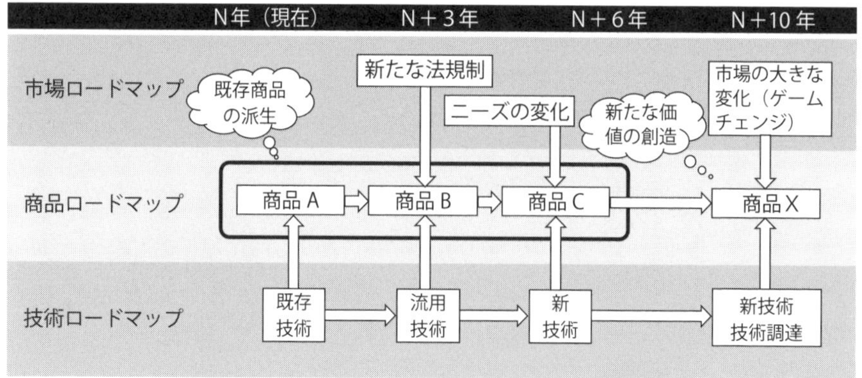

市場ロードマップ：営業やマーケティング部門により、市場調査を重ねながら10年先の未来を想像する

商品ロードマップ：市場ロードマップより、商品概要を踏まえ、市場に投入するタイミングを想定する

技術ロードマップ：商品に必要な機能や性能、品質を元に必要な技術内容を検討し、社内もしくは社外から技術を調達し、商品に組み込む

図表2-23　市場・商品・技術ロードマップ

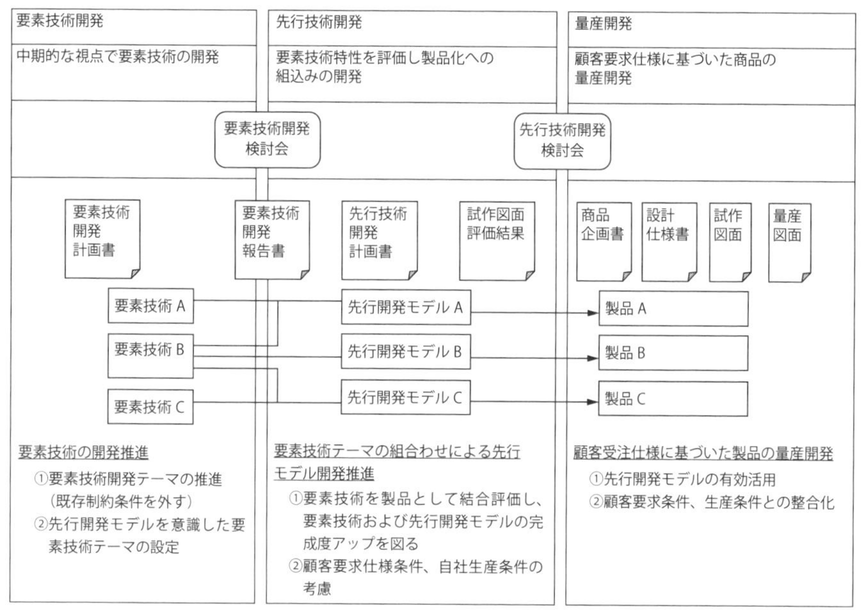

図表2-24　要素技術開発・先行技術開発・量産開発モデル

たい機能や性能を検討し、商品イメージを持った上で要素技術開発にインプットする（**図表2-24**）。

では、100円ライターで要素技術開発にインプットする内容を考えてみよう。たとえば、今は着火ミスがよく発生している。100円ライターで着火ミスのない確率は非常に低い。この間、ガスは放出しているため、燃費が悪くなってしまう。また、現在注目されているSDGsの観点で考えると、環境に良くない。よって、着火ミス0の機能を備えたライターが存在すれば、大きな付加価値になるだろう。着火ミス低減により、通常のライターでは500回程度しか使用できないところを、3000～4000回の着火の実現を目指す。この回数であれば、多少金額が高くとも他社商品を複数回購入するよりもコストメリットを出すことが可能になり、さらに購入の促進を図ることが可能となる。

ポイント2：商品企画書

ポイント1で解説したロードマップから商品の企画を立案していく。

①商品企画の意味と定義

なぜ商品企画が必要なのか、その意味合いや役割、定義を解説していこう。

商品企画は「商品・サービスを創出し、顧客の課題解決や満足度を高めるための業務」であり、さまざまなマーケティングやアイデアから新しい商品を考えることである。新しい商品を創出するためには、多くの制約条件の枠を外し、考えることが重要である。しかし、設計者が商品の企画を実施するとどうしても制約条件や実現可能性を考えてしまい、世の中にない新しい商品を創出するのが難しくなってしまう。そのため、開発を推進する設計者ではなく、商品を企画する業務に専念できる企画者が必要となる。先ほどのライターの例を考えてもそうだろう。設計者が企画すると現状の500回着火からせいぜい1000回など倍の性能に留まってしまう可能性が高い。他社に対して圧倒的な性能を生み出すのであれば、顧客が「あっ！」と感じるような性能が必要になってくる（**会話2-15**）。

では、もう少し商品企画の業務について細分化して考えてみよう。

会話2-15

なぜ商品企画が必要なのでしょう？いきなり設計を進めてもいいのではないですか？

商品を企画するのは、「商品・サービスを創出する」ことであり、設計とは異なる。設計者が企画をしようと思ってもできない部分がたくさんあるのだ！

顧客に受け入れられる商品を創造する
①顧客の潜在ニーズ、顕在ニーズを満足させられる商品のコンセプトを生み出す ②顧客の困りごと（≒ソリューション）の解決ができる

競合に勝つ
競合商品と差別化できるコンセプトを創造する

利益を確保できる
ビジネスとして利益が確保できる

商品を企画する段階で、競合他社との差別化を優先しがちだが、その前に顧客のニーズを満足する商品の企画を検討しなければならない（上記の3つの商品企画の役割・業務内容は、優先順位の高い順に記載している）。特に顧客の潜在ニーズの抽出は非常に重要である。この世の中にある具体的な商品の事例で考え

てみよう。

アキレス社の運動靴「SYUNSOKU（瞬足）」という商品名は耳にしたことがあるのではないだろうか（**図表2-25**）。この「瞬足」の開発秘話が非常に面白く、まさに「潜在ニーズ」を捉えて開発された商品なのである。通常の運動靴の底面は左右対称にスパイクが配置されているが、瞬足は異なる。左右非対称なのである。この左右非対称に結びついたアイデアこそ、運動靴の使い方を徹底的に観察したことのたまものである。

左右非対称のスパイクになった秘話がアキレス社のホームページに記載されている。子供たちが新しい運動靴を欲しがる瞬間は、運動会の前など他の子供たちとの競争が発生するタイミングである。潜在ニーズに「他の友達よりも早く走れるようになりたい」、また「走るのが遅いから少しでも早く走れるようになりたい」という想いがある。

そのニーズから、運動会の徒競走で早く走るためにはどのような運動靴であるべきかを徹底的に観察した。目にしたのは都会の子供たちが狭い運動場で走りにくそうにしている姿だった。では、なぜ走りにくいのか？ 小学校のコーナーが小さい楕円であったためである。そしてコーナーでバランスを崩して、転倒する子供たちが多かった。この小さい楕円のコーナーで転倒しにくい運動靴を開発することができれば、「子供たちが喜んでくれる、早く走れるようになる」と考

（アキレス株式会社）

図表2-25　瞬足の底面

え、企画がスタートした。さらに調査を進めていくと、小学校の運動場で行われる競技は左回りのみになっていることが分かった（※）。

アキレスは、このコーナーでの困りごとをさらに細分化した。

・コーナーで踏ん張りきれずに転倒する
・遠心力に負けてコースからはみ出し順位を落とす
・転倒しないように注意して走るため、スピードを落とす

この困りごとを解決するため、現状の商品を確認していくと、全てが左右対称のスパイクとなっている。この既成概念の枠を超えて、コーナーで転倒しにくい左右非対称の運動靴のアイデアを生み出した。これが潜在ニーズを徹底的に調査し、爆発的に売れた「瞬足」の開発ストーリーである。

販売開始後、半年で約8万足を販売。現在の小学生の人口から考えれば驚異的な販売数である。子供たちの間で「瞬足は早く走れる」という口コミが広がったのも販売増加の要因の1つだろう。このように「潜在ニーズ」から顧客に受け入れられる商品・サービスのアイデアを創造する企画を立案しなければならない。

②商品企画の進め方

図表2-26に商品企画の進め方を示した。この（1）～（5）の内容を考え、商品の企画書に落とし込まなければならない。

特に（5）の顧客へのセールスポイントについては特に重要である。この内容が明確になっていない場合、販売促進ができずコスト勝負になってしまう（大幅な値引きなど）恐れがあるため、商品としてしっかりとアピールできるポイントの明確化が必要になる。

A：企画者の想い

商品企画は、企画者が商品にどのような想い、熱意を持っているのかがとても重要になる。「顧客の課題を解決したい！」「商品を顧客に届けることによって、

（※）「左回り」のルールは、1912年に国際陸連が制定したもので、学校もそのルールに従って競技を行っている。

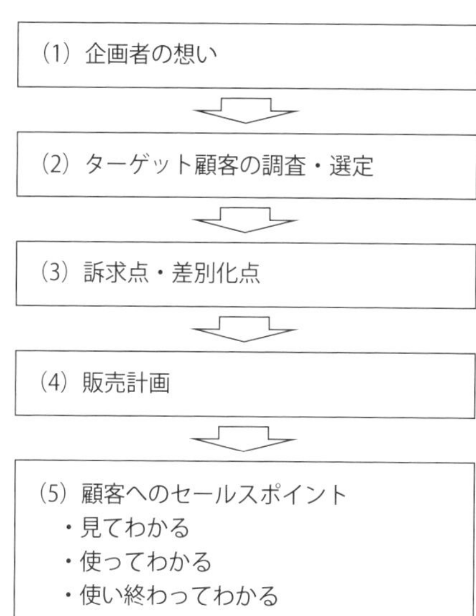

(1) 企画者の想い
(2) ターゲット顧客の調査・選定
(3) 訴求点・差別化点
(4) 販売計画
(5) 顧客へのセールスポイント
・見てわかる
・使ってわかる
・使い終わってわかる

図表2-26 企画の進め方

ワクワクしてほしい！」などさまざまな想いがあるだろう。その想いを言葉にして表現し、設計者にインプットすることは非常に重要である。企画者の想いの事例を見てみよう。

● 事例：LEXUS IS-F（2UR-GE：V8 5L 423馬力）

IS350というセダンタイプの車両にV8 5L 400馬力のスポーツエンジンを搭載（ヤマハ発動機と共同開発）した。もともとのIS350はV6の3.5Lのエンジンであり、さらにパワーのあるエンジンを搭載することとなった。

商品企画の概要

IS-Fの開発は、「自分が本当に欲しいと思えるクルマを創りたい」とエンジニアとしての純粋な想いからスタート。そして、クルマを操る楽しさを知り尽くしたエンジニアが集まり、遊び心でIS350をベースに試作車を創ったのが、IS-Fのそもそもの始まりである。

商品企画の内容

IS-Fの開発で追究するのは、「運転する楽しさ」。「運転する楽しさ」とは、ドライバーと車が一体感を持って意思を伝えあい、自在に操る喜びをどれだけ引き出せるかという点にある。さらに、その楽しさを全てのシーンでダイレクトに、そしてシームレスに味わえることを目指す。

商品企画のコンセプト

運転する楽しさを具体的に突き詰めていくと、3つの要素に辿り着く。それは「レスポンス」「サウンド」「伸び感」という、数値で表すことができない性能。この感性に訴えかける部分こそ、運転する楽しさを決定づけるキーポイントである。

「サウンド」というキーワードをもとにアイデアを出し、「官能的なエンジン音をドライバーに聞かせる」ことを発案。エンジン音をドライバーに聞かせることで、コンセプトである「運転する楽しさ」を味わってもらう。

⇒他社との差別化（参入障壁）として、ノイジーな音はスピーカーから逆の周波数を出すことにより打ち消し、綺麗なエンジン音のみを聞かせる。

このように企画者の想いをコンセプトに展開し、コンセプトから内容を具体化していく。具体化していくときに企画者の単なるアイデアレベルでは、設計者が本気にならず、想いがこもった商品はできないだろう。具体化の時に企画者も一緒に参画し、さまざまな技術要素を検討していく必要がある。

B：ターゲット顧客の調査・選定

図表2-27に、ターゲット顧客設定の指針を示した。ターゲット顧客の調査・選定においては、企画方針（企画者の想いや企画の概要）から検討していくことになる。この部分で重要になるのが市場調査である。SWOT分析などを活用し、外部環境と内部環境の分析を進めていく。

ターゲット市場や顧客がどのようなことを望んでいるのか、どのような困りごとがあるのかを分析することがポイントであり、重要である。

今の既存製品（競合他社品でも可）を顧客が使用している現場を確認し、「使い方」を分析する。どのような手順で使用しているかを調査する。たとえば、先

企画方針（企画の想い）
外部環境分析
★狙いの市場を明確にするために外部環境を分析する
競合・自社分析
★競合と自社製品の差別化点を明確にする
狙いの市場設定
★ターゲット顧客を明確にする

図表2-27　市場設定の指針

ほど紹介したアキレス社の「瞬足」は、ターゲットとなる顧客が非常に明確である。単に子供の運動靴としてしまうと子供全員が対象になってしまう。ターゲット顧客がぼやけてしまい、特定の顧客に訴求することができず、コスト競争になってしまう可能性が高い。また、ブランド先行になってしまい、知名度の低いメーカーの商品は爆発的に売れることはないだろう。そのため、明確なターゲット顧客を選定する必要がある。

瞬足の場合は、「徒競走が遅い子供たち」「前年1位になれなかった子供たち（転倒してしまい、順位を落とした）」であり、訴求点が非常に明確になっている。このようにターゲット顧客を明確にすることにより、困っている顧客に対してダイレクトに商品を届けられる。

C：訴求点、差別化点

訴求点　：顧客に訴えかけるポイント
差別化点：競合他社との明確な差別化ポイント

競合他社の製品ではなく自社製品を選んでもらうポイント、いわゆる「勝ち方」と言われる部分を明確にしていくことになる（**会話2-16**）。

● 訴求点

IS-Fや瞬足の例から理解していただけたと思うが、今一度整理しておこう。瞬足の訴求点は、「運動会で順位をあげる」ことや「転倒せずにコーナーを早く

会話2-16

訴求点を考えるのが大事なのはわかったのですが、設計者は知らなくてもいいですよね？

ちょっと待った！ 商品がどのような点において優れているのか、お客様にアピールしようとしているのかを知るのは、設計者にとって必須だぞ！ この訴求点を弱めることなく設計を進めていかなければならないのだ

走ることができる」ことである。子供にも非常に分かりやすく、すぐにでも「ほしい！」と思わせることができる明確な訴求点となっている。また、IS-Fでは、「エンジンサウンドを運転しながら聞くことができる」がわかりやすく明確な訴求点ではないだろうか。アフターマーケットメーカーによって、排気音を大きくし（マフラーを変更することにより排気音を大きくできる）、ドライバーに聞かせられたとしても、エンジンサウンドをドライバーに聞かせるという発想自体がほとんどなかった。自動車の愛好家やスポーツカーが好きな顧客にとってはたまらない魅力だろう。このように、ターゲット顧客に対して明確に訴求できる点がなければ、いくら高い技術を盛り込んだとしても、顧客に手に取ってもらえる商品にはならないのだ。

● 差別化点

訴求点からさらに差別化点に展開していく。訴求することができたとしても簡単に真似をされるようでは、すぐに優位性が失われてしまう。

単純に差別化内容を考えるのではなく、訴求点から展開するのが重要である。

たとえば、先ほどのIS-Fの場合、エンジンサウンドをドライバーに聞かせることはもちろんのこと、そのサウンドが綺麗な音でなければ、ドライバーは聞いていて心地よいものではないだろう。単純にエンジンサウンドをドライバーに聞かせるだけではダメなのだ。そこに差別化を図ることが可能なポイントがある。他社との差別化（参入障壁）として、ノイジーな音はスピーカーから逆の周波数を出すことにより打ち消し、綺麗なエンジン音のみを聞かせる。このシステムはサウンドジェネレーターと呼ばれ、さまざまな自動車に導入されている。トヨタ自動車以外の車でも同様のシステムが採用されており、今では汎用的な技術になっている。しかし、発売当初は他の自動車メーカーが採用していない画期的な技術であったため、差別化ポイントにすることができていたのではないかと考える。

D：販売計画

販売計画で必要なのは、売上計画、原価計画、利益計画の3つである。

● 売上計画

既存品のシェアや競合他社の販売状況から差別化ポイントを考えた場合にどれぐらいのシェアを奪うことが可能なのかを検討していく。

既存品のシェアから拡大量を予測する場合によく使用されるのが、「フェルミ推定」である。フェルミ推定は、調査・実測が難しかったり、調査に多くの時間を要してしまったりする場合に使用する推定方法で、現時点での手がかりや知識を元に「計算式」を自分自身で立案し、推定値を算出する方法である（電信柱の数の算出などがあげられる）。これによって精度の高い販売計画を立案する。また、売上計画を立案するためには、販売単価を検討しなければならない。販売単価の決め方は、製品の原価の積み上げではなく、市場や顧客が要求している価格を調査し、設定する必要がある。

● 原価計画

原価計画は、開発の目標とする原価を設定することである。この原価の算出方法は、単に既存製品＋新しい新規技術要素を積み上げるだけでは、設定した販売単価を必ず上回ってしまい、高価格の商品ができ上がってしまう。原価の積み上げにより販売単価が設定できる商品は、まだこの世の中にない商品である。たとえば、スマートフォンがよい例だろう。誰もが見たことも触ったこともない商品であったため、販売単価を最初に設定したのはメーカーである。今はさらに機能を追加したことにより、昔の携帯電話（「ガラケー」と呼ばれる携帯電話）よりもかなり高価格になっている。すでに類似している機能を保有している商品は、積み上げ原価では考えない。市場や顧客が要求している金額から、利益を差し引いて残った金額が原価になる。

価格を決定する3つの要素（販売価格、原価、利益）のうち、変動要素として捉えるべき内容は「原価」だけである。先ほど述べたように販売価格は市場や顧客が決めるべきものであり、利益は、その企業が存続するために必要なものである。競合との競争に勝つためには、積み上げの原価ではなく、「販売価格－利益＝原価」の方程式を成立させなければならない（**会話2-17**）。

● 利益計画

製造業であれば、利益計画が存在するだろう。会社の成長戦略を考えた場合の投資と、投資に対する利益での回収の合計金額が利益計画である。既存製品だけでも一定の利益を見込めるが、投資に対する回収の利益をさらに上乗せし、売上に対する利益率を算出する。その利益率から製品における利益額を算出する。

会話2-17

原価は積み上げで算出するものだと思っていました。でもこの目標原価で算出すると、開発中に相当コストダウンを検討しなければならないですよね？

そうだな。この目標原価の算出方法は設計者にとってかなり厳しいものになり、ハードルは高い。しかし、コストダウンを図る際に不要な機能などを検討しながら、コストを調整すれば、超えられないハードルではない！

E：セールスポイント

セールスポイントは訴求点をさらに細分化したものであり、顧客が商品を手にした時の「感じるポイント」を検討した内容である。営業担当者がこのセールスポイントを顧客に説明することで、顧客は実際に商品を手に取らずとも商品の良さを感じられる。セールスポイントは、大きく次の3つに分けられる。

● 見てわかる

営業マンが説明しなくとも、商品を見ただけで顧客が感じるポイントを明確にする。使ってわかるにつながる部分で、見ただけで使い方が分からなければならない。
⇒感性に訴えかける部分、顧客の困りごとの解決（意味的価値）など。

● 使ってわかる

使ってみると、訴求点、差別化点が理解できるようなポイントを明確にする。
⇒言葉で説明した内容を使ってみて、感じて、理解してもらう。

● 使い終わってわかる

使い終わって、他の商品に変更する場合に感じるポイントを明確にする。使い終わった瞬間もメリットを感じてもらえるようにする。
⇒廃却しやすい、リサイクル性能が高い、リセールバリューが高いなど。

それでは商品企画書の全貌を解説したここまでのまとめとして、100円ライターの商品企画書を見てみよう。先ほど解説した内容を商品企画書としてまとめた内容が**図表2-28**のようになる。

特に注目して確認してもらいたい内容は、先ほど説明した3つのセールスポイントである。この内容に多くの開発のヒントが隠されており、このヒントを元に開発を進めていくことが可能な内容になっている。たとえば、「使ってわかる」の内容は以下のようになる。

①点火しやすい（簡単な操作）
②炎の調整が不要で常に一定の炎が出る
③着火率が高い（90%以上）
④点火回数が多い（燃費が良い）

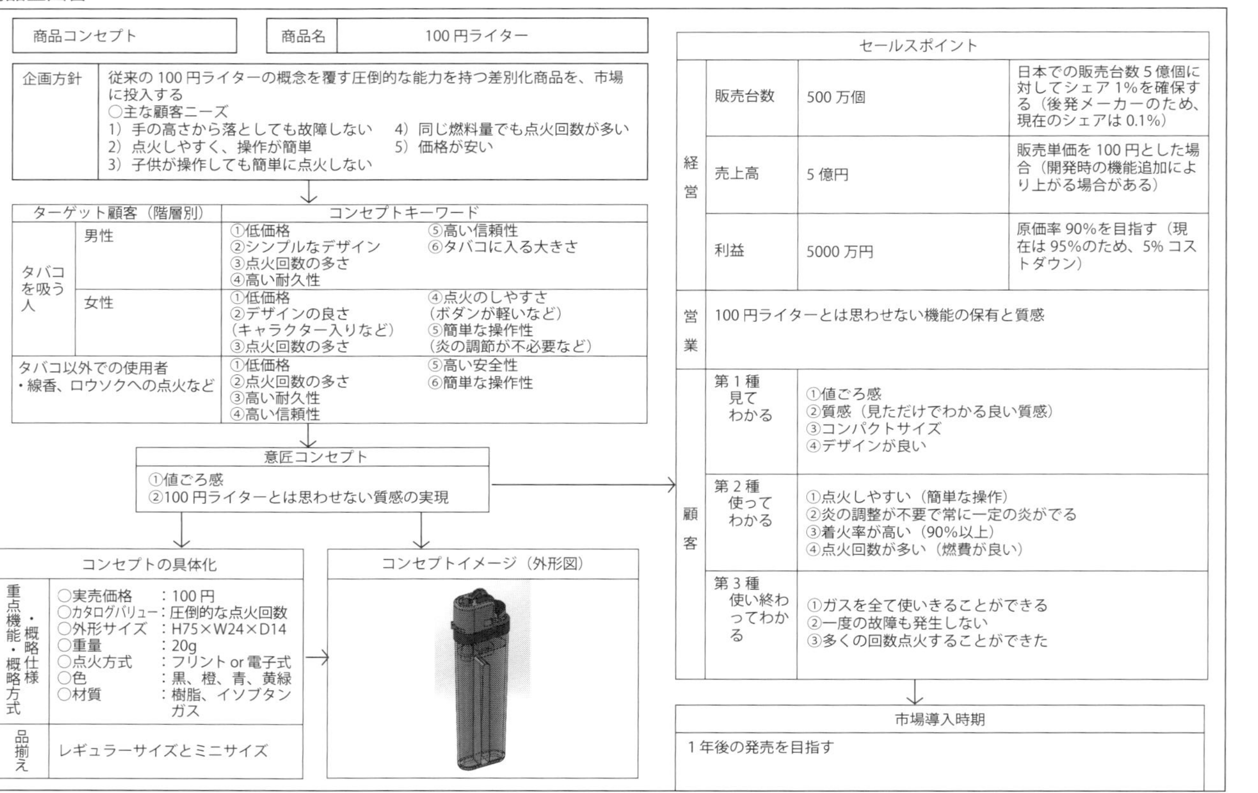

商品企画書

商品コンセプト	商品名	100円ライター

企画方針	従来の100円ライターの概念を覆す圧倒的な能力を持つ差別化商品を、市場に投入する ○主な顧客ニーズ 1）手の高さから落としても故障しない 2）点火しやすく、操作が簡単 3）子供が操作しても簡単に点火しない 4）同じ燃料量でも点火回数が多い 5）価格が安い

ターゲット顧客（階層別）		コンセプトキーワード	
タバコを吸う人	男性	①低価格 ②シンプルなデザイン ③点火回数の多さ ④高い耐久性	⑤高い信頼性 ⑥タバコに入る大きさ
	女性	①低価格 ②デザインの良さ （キャラクター入りなど） ③点火回数の多さ	④点火のしやすさ （ボダンが軽いなど） ⑤簡単な操作性 （炎の調節が不必要など）
タバコ以外での使用者 ・線香、ロウソクへの点火など		①低価格 ②点火回数の多さ ③高い耐久性 ④高い信頼性	⑤高い安全性 ⑥簡単な操作性

意匠コンセプト

①値ごろ感
②100円ライターとは思わせない質感の実現

コンセプトの具体化	
重点機能・概略方式・概略仕様	○実売価格：100円 ○カタログバリュー：圧倒的な点火回数 ○外形サイズ：H75×W24×D14 ○重量：20g ○点火方式：フリント or 電子式 ○色：黒、橙、青、黄緑 ○材質：樹脂、イソブタンガス
品揃え	レギュラーサイズとミニサイズ

コンセプトイメージ（外形図）

セールスポイント			
経営	販売台数	500万個	日本での販売台数5億個に対してシェア1%を確保する（後発メーカーのため、現在のシェアは0.1%）
	売上高	5億円	販売単価を100円とした場合（開発時の機能追加により上がる場合がある）
	利益	5000万円	原価率90%を目指す（現在は95%のため、5%コストダウン）
営業	100円ライターとは思わせない機能の保有と質感		
顧客	第1種 見てわかる	①値ごろ感 ②質感（見ただけでわかる良い質感） ③コンパクトサイズ ④デザインが良い	
	第2種 使ってわかる	①点火しやすい（簡単な操作） ②炎の調整が不要で常に一定の炎がでる ③着火率が高い（90%以上） ④点火回数が多い（燃費が良い）	
	第3種 使い終わってわかる	①ガスを全て使いきることができる ②一度の故障も発生しない ③多くの回数点火することができた	

市場導入時期
1年後の発売を目指す

図表2-28　100円ライターの商品企画書

炎の調節が不要であるため、操作性を向上させられるうえ、燃費が良くなる(不必要に大きな炎を出さないようにすることが可能)。また、着火率が高くなることにより、着火の失敗が減少する（⇒燃費が良くなり、点火回数が増加する）というストーリーが成り立つ。1つの開発の要素からさまざまな顧客のニーズに対応できるようになる。

ポイント3：流用元の選定と変化点管理、概略構想の検討

図表2-29にもう一度プロセスを掲載する。ポイント2である商品企画の検討が終了したら、設計インプットをする前に商品の概略を検討する。基本的な考え方は受注生産の設計プロセスで紹介した流用元の選定、カスタマイズ領域の検討、概略構想と同様の考え方で進めていく。再度この3要素の内容を説明していく。

①流用元の選定

商品企画書から流用元を選定する。この時に流用元を選択した根拠を残しておく必要がある。この製品を次に流用しようとした場合、顧客からの要求に対して、どのような理由で流用元を選択したのかが分かる。そうすれば流用元の選択が正しいか、検証ができる。

流用元の選択を間違ってしまうと、カスタマイズしなければならない領域が増加すると共に、顧客の要求に必要のない機能も入ってしまう場合があり、機能を削減しなければならない。設計にとって、機能を削減するという作業は非常に難しい。1つの部品が単一の機能しか持っていないのなら問題はないが、実際には1つの部品に複数の機能を持たせていることが多い。すなわち機能の削減のためには、部品の変更を余儀なくされる。そして、機能を削減する場合にミスが多発している。

そのため、機能を削減しなくとも顧客の要求に答えることができる状態、すなわち「モジュール化」が理想である。最低限の機能を保有している構造を基本とし、顧客の要求に対して機能を付け加えていく。単に機能を付け加えるのではなく、顧客にとって必要だと考えられる機能群を集約≒「モジュールのパッケージ化」を行い、1つの部品に複数の機能を保有させ、求められる機能を最小限の構造で実現する。モジュール化を実現できていれば、決められた手順通りモジュー

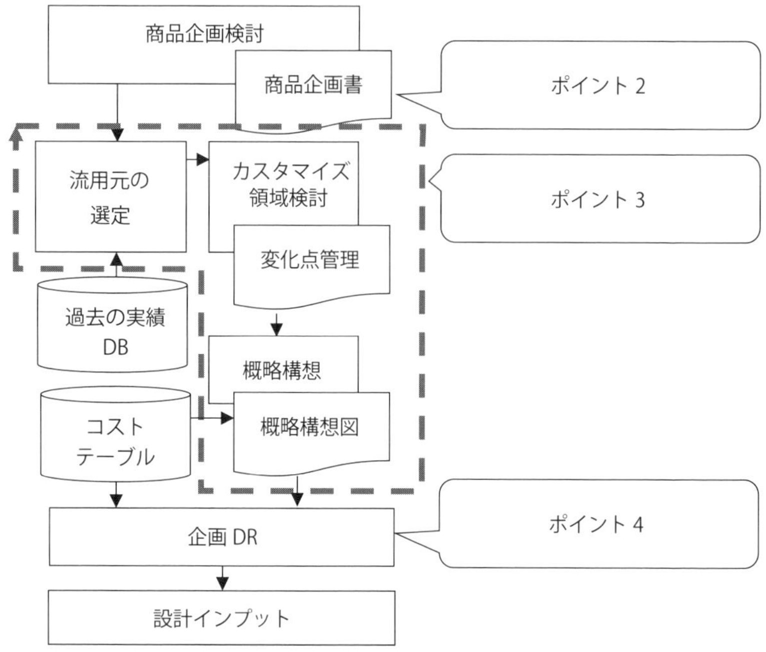

図表2-29　見込生産でのインプットプロセス

ルを選択するだけで、流用設計が可能になる。

このモジュール化の内容を100円ライターで確認していこう。先ほど説明したように100円ライターとはいえ、19個もの部品で成り立っており、さまざまな設計要素が存在する。それぞれの部品が保有している機能は複雑で、流用する時に機能を削ってしまわないよう、あらかじめ単純に機能を足し合わせるだけ（機能≒部品を削除しない）の状態を作っておくと流用元の選定がしやすいだろう。

流用元製品のモジュール表をもとに、まずはどのような部品構成になっているのかを確認する（**図表2-30〜32**）。その際に、各部品がどのような機能を持ち合わせているかも確認するとよいだろう。その際に必要となるのが、機能系統図である（**図表2-31**）。機能系統図については、設計インプット終了後の設計仕様書を作成する際に必要となるため、そのプロセスの紹介時に解説する。

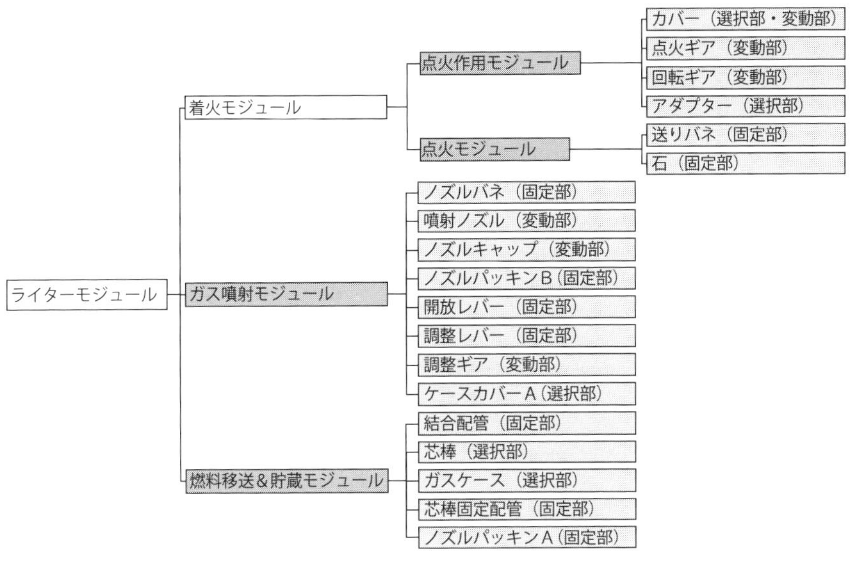

図表2-30　100円ライターAモジュール体系図

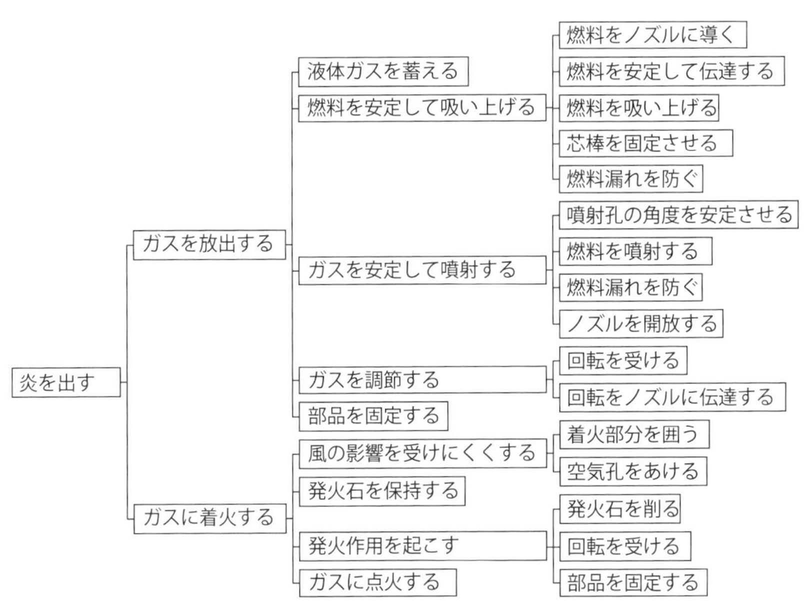

図表2-31　100円ライターAの機能系統図

製品名	モジュール名	部分モジュール名	部品名	区分	バリエーション	設計ルール
ライター	着火モジュール	点火作用モジュール	カバー	選択部	メッシュあり・なし	点火回数が4000回以上必要な場合はメッシュありを選択する
				変動部	外形寸法の変更	アダプターと同じ外形寸法に設定
			点火ギア	変動部	シャフト径の変更	石を変更しない限り変更なし
			回転ギア	変動部	穴径の変更	シャフト径と同じ穴径とする（はめあい公差は同じ）
			アダプター	変動部	穴径の変更	シャフト径と同じ穴径とする（はめあい公差は同じ）
		点火モジュール	送りバネ	固定部		
			石	固定部		
	ガス噴射モジュール		ノズルバネ	固定部		
			噴射ノズル	変動部	ノズル部分の寸法変更	噴射量に比例した噴射径、ノズル長さとする
			ノズルキャップ	変動部	先端部分の寸法変更	ノズルの後端と同じ寸法とする。結合配管と接続する部分は変更禁止
			ノズルパッキンB	固定部		
			開放レバー	固定部		
			調節レバー	固定部		
			調節ギア	変動部	穴径の変更	ノズル径と同じ寸法とする（はめあい公差は同じ）
			ケースカバーA	選択部	樹脂・金属	仕様選択のみ（顧客要求によって変更する）。基本的には樹脂とする。
	燃料移送・貯蔵モジュール		結合配管	固定部		
			芯棒	選択部	45、50、55、60、75mm	ガスケースー15mmで設定する
			ガスケース	選択部	60、65、70、75、90mm	製品企画の目標点火回数から必要燃料量を算出し、ガスケースを選択する
			芯棒固定配管	固定部		
			ノズルパッキンA	固定部		

図表2-32　100円ライターAのモジュール表・バリエーション表

②カスタマイズ領域検討

流用元の選定が終了したら、商品企画書からカスタマイズ領域を検討しなければならない。この時点ではまだ構想段階であるため、カスタマイズ領域のあたりをつける程度にとどめる。カスタマイズ領域のあたりをつけるには、QCDの観点で、製品として成立するのかどうかを見極める。下記に示す、それぞれの観点で検討していく。

Q（品質）：品質面でどれぐらいのリスクがあるのか
C（コスト）：設定した目標原価をクリアできる見込みが立案可能か
D（納期）：設計開発リードタイムが成立するか

この検討内容を100円ライターで見てみよう。

今回の商品企画書の大きなポイントは、「同じ燃料量でも点火回数が多い」であり、さらに「使ってわかる」の部分では「着火率が高い」、「点火回数が多い」というような内容が列挙されている。この企画を実現させるために、検討しなければならない技術的内容を検討する必要がある。

100円ライター構想内容①

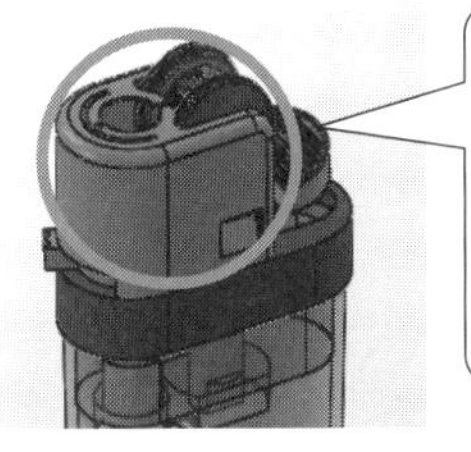

点火回数を増加させるためには、着火ミスを減少させることが必要。その結果、燃費が良くなる
⇒ミスの原因はこの部分の酸素量が減少することだと判断。

丸でかこんだ部分の酸素量を増加させる施策を打つことにより、企画内容を満足させることが可能である。また、変更する部分が酸素量の増加だけであればコストも抑えることができ、目標原価の達成も可能な見込みである。

100円ライター構想内容②

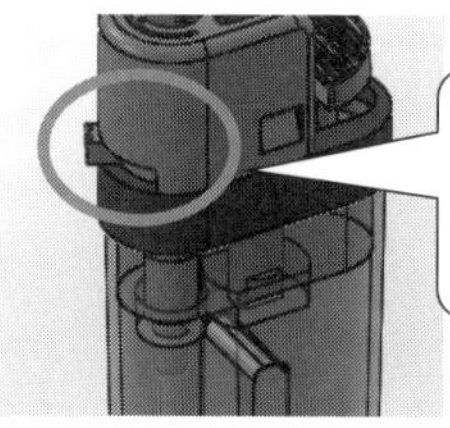

企画にある簡単な操作性を実現するために炎調整機構の排除（機能削減）を行う検討をする

構想内容①の内容が実現できると、安定的な酸素量が確保できるため、ガス量を増加させずとも着火が実現可能となる。また、ガスを安定的に供給する技術も同時に検討することで炎の調節機能の排除ができ、大幅なコストダウンが可能となる。

この100円ライターの構想案をもって、カスタマイズ領域を設定する。この場合のカスタマイズ領域は、「カバー」を含んだ点火モジュールが中心となる。また、コストダウンの観点から「調節機構」を含んだガス噴射モジュールもカスタマイズ対象となる。この構想内容を設計開発にインプットすることにより、設計開発の方針が明確になり、スムーズに設計をスタートさせられる。

③概略構想設計

概略構想設計はカスタマイズ領域を受けて、設計するべき内容を商品企画とリンクさせながらまとめていく作業である。先ほどカスタマイズ領域の検討時に解説したQCDの観点でまとめていき、商品企画で定めた目標値を達成することが可能なのか判断材料を整理していく。

この概略構想部分がまとまっておらず、設計者の頭の中にあるだけのことも多い。商品企画と設計開発の結果である図面が結びつかず、設計のストーリーが理解できないという状況が多くの企業で見られる。設計ストーリーが明確でないと、第1章でも解説したように流用の可否判定が難しく、間違った流用元を選定してしまう場合がある（**会話2-18**）。

それでは概略構想設計も100円ライターでまとめてみよう。

会話2-18

設計くん

あとで調査すると商品企画書しか残っていないことがよくあります。困るんですよね～。商品企画と設計の繋がりが分からなくて……

プロセスマン

そうだな。構想の多くは設計者の頭の中にしか残っておらず、属人化してしまっているのが現状だ。この 100 円ライターの例のように、概略構想書としてノウハウを蓄積することが重要なのだ

100円ライター概略構想書

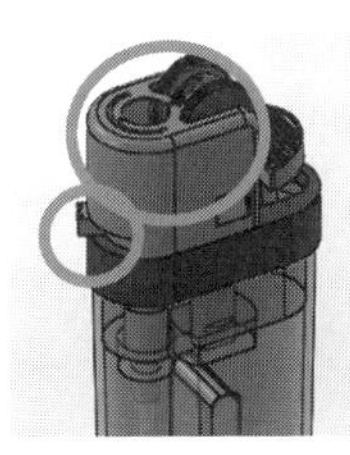

⇦

企画方針

①点火しやすく操作が簡単
②同じ燃料量でも点火回数が多い
③子供が操作しても簡単に点火しない
……

商品企画の大きな方針から、現状の100円ライターAを流用元として選定し、カスタマイズ領域を検討する。

①流用元の選定理由

100円ライターAが最も点火回数が多く燃費が良い製品のため、流用元として選定。カバーの面積が大きく、着火ミスを削減するための検討が十分に可能。

②カスタマイズ領域

点火モジュール

カバー部分をカスタマイズする。着火ミスが多い原因は酸素量不足のため、十分な酸素量が確保可能なカバー形状とする。

点火モジュールのカスタマイズが、着火ミス削減を実現するために最もコストが低くなる施策と判断。

噴射モジュール

酸素量が増加すると、多くのガス量を必要としなくなるため、ガスの燃料量を増減させる機能は不要と判断。燃料調整機構が削減されることで大きなコストダウンが可能となる。

ポイント4：企画DR

企画DRで議論するべき内容は、商品企画で立案された内容が市場や顧客のニーズに合致しているのか、またそのニーズを実現する方法が技術的に可能なのかどうかなどを検証し、開発をスタートしてもいいかどうかをしっかりと判断しなければならない。また、受注DRと同じく、企画DRが企画者や設計者の説明会になってはいけない。あくまでも商品企画書と概略構想書を理解したうえで、内容に問題がないかどうか議論をしなければならない。

こちらも100円ライターの事例で考えてみよう。読者の皆さんも**会話2-19**のようなDRに出くわしたことがあるのではないだろうか。商品企画者や設計者は、このように重箱の隅を突くような問題点だけをあげられると、モチベーションが下がるうえに非常に無駄な時間をかけてしまう。このようなDRの風土では、本来のあるべきDRにはならないだろう。

会話2-20のように議論の中で問題点を抽出しながら、その問題点をクリアできる内容を全員で検討していく必要がある。最後の会話の中で「ガスが少なくなってきたときのリスク」についての問題を抽出することができたため、この問題点をDRの中で議論するか、もしくは設計開発プロセスの中で解決が可能であれば、問題点を含めて設計にインプットすればよい（**会話2-21**）。DRの詳細な方法やチェックリストについては第3章でさらに理解を深めてほしい。

会話2-19

ダメなDR

企画くん

このように、簡単に着火したいというニーズがあるため、このニーズに対応できる技術的内容を検討しま……

設計者（悪いレビュワー）

ちょっとまて！ このカバーを変更するにあたっての技術的根拠はどこにあるんだ。本当に着火ミスが減少するのか？ もし、しなかったらどう責任を取るつもりだ！ こんなのはダメだ。できるわけがない！

設計くん

いえいえ、技術的には酸素量が増加すれば着火ミスは減少するという評価結果がB製品で検証されているので、問題ないで……

設計者（悪いレビュワー）

B製品と今回の流用元のA製品では形状が違うではないか。そんな結果は根拠にならん。ダメだダメだ。これでは結果が出るハズがない！

会話2-20

良いDR

企画くん

このように、簡単に着火したいというニーズがあるため、このニーズに対応できる技術的内容を検討しました

「簡単に着火できる」というのは昔からニーズがあるが、100円ライターでは求められていなかったかもしれないな。付加価値をつけたぶんだけコストが上がる可能性はあるが、目標原価に対する見込みはどうだ？

設計者（よいレビュワー）

設計くん

燃料調整機構を削除することにより、目標原価の達成は可能だと推測しております

おっ！ そこに目をつけたか。非常によい着眼点だな。ただし、ガスが少なくなってきた時に着火できなくなるリスクは考えておいてくれ

設計者（よいレビュワー）

会話2-21

DRって、設計者にとって苦痛なんですよね。問題提起してくれるのはいいんですけど、解決策は全て設計に丸投げなんですよ

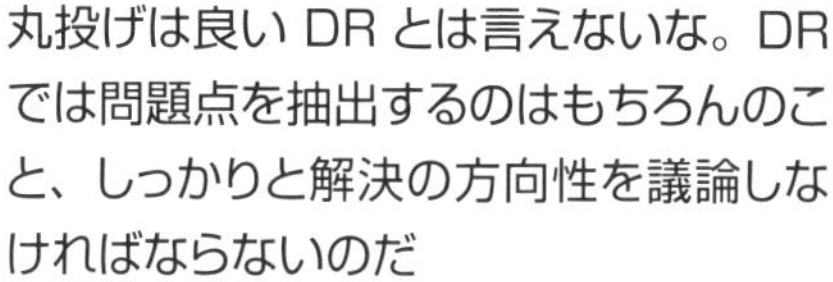

丸投げは良いDRとは言えないな。DRでは問題点を抽出するのはもちろんのこと、しっかりと解決の方向性を議論しなければならないのだ

3）基本（構想）設計

受注生産品、見込生産品でも、基本的には基本（構想）設計以降は同様のプロセスとなる。設計インプット段階のプロセスと、そのプロセスからのアウトプット内容が異なるだけだ。それではプロセスを見ていこう（**図表2-33**）。

ポイント1：受注・企画の背景内容確認会

受注・企画の背景確認会は、その案件の設計開発に関わる設計者全員に出席してもらい、下記のような内容の確認をしてもらうための会である。

- なぜその商品が必要なのか
- 顧客にとってどのように嬉しいのか
- 現在の製品からどのような機能追加の必要があるか

設計するための目標原価やリードタイム、品質ではなく、実際にどのような商品を市場や顧客が求めているのかを正しく理解する必要がある。その背景や想い

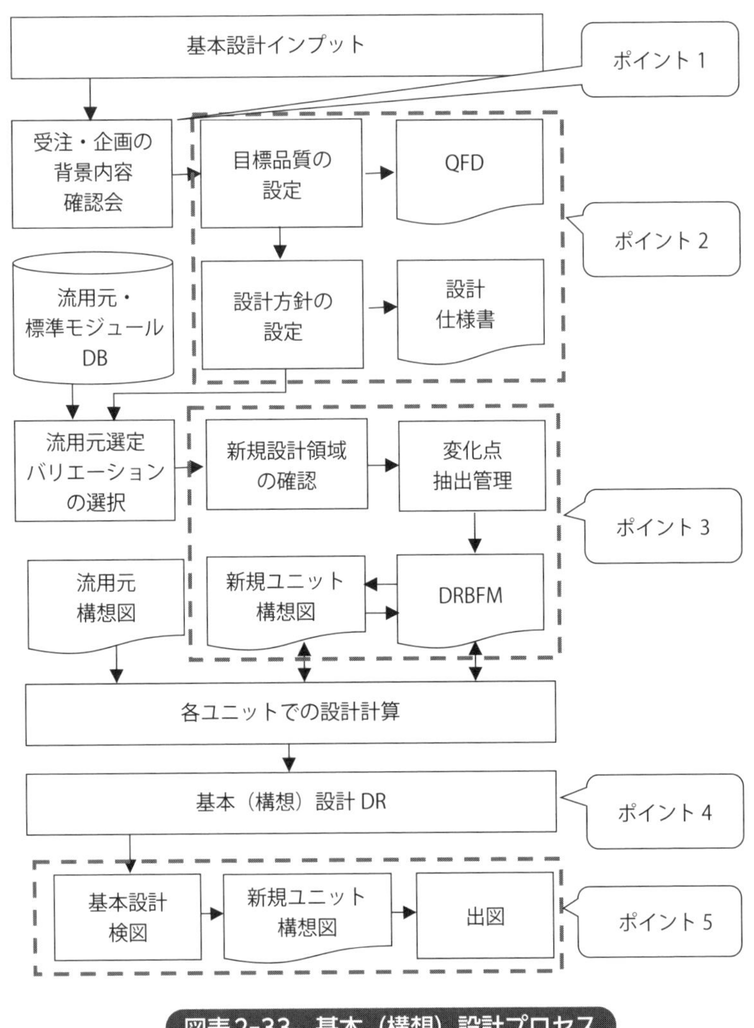

図表2-33　基本（構想）設計プロセス

を知ったときに設計者から「こうした方がいいのではないか？」という考え方が生まれてくるのだ。

実際の製品に当てはめて考えてみよう。先ほど紹介したIS-Fだが、筆者が想像するに、商品企画の段階ではサウンドというキーワードを元に「エンジン音をドライバーに聞かせたい」というコンセプトのみがあったと思う。そのコンセプトを受けて、エンジン音をどのように聞かせれば、ドライバーは喜んでくれるのかを考えたのではないだろうか。設計を進めていく中で「できるだけ綺麗な音を聞かせたい」という想いから「ノイズを消し去る」というアイデアが生まれていると考える。この考え方はまさに商品コンセプトやその商品への想いを理解していなければ創出することのできないアイデアである。

このように、設計者が課題をクリアするためのアイデアだけではなく、市場のこと、顧客のことを考えたときこそ、付加価値の高いアイデア（意味的価値）が生まれるのだ。読者の皆さんにもぜひお願いしたい。設計者全員を集めるとなると大きな工数がかかってしまうが、商品への想いをしっかりと理解した上で設計を進め、高い付加価値を創出することこそ、現在の製造業に求められていることである。

ポイント2：目標品質設定【QFD】と設計方針【設計仕様書】

①目標品質設定：QFD

設計を開始する前にこれから開発する製品に対しての目標品質を設定しなければならない。目標となる原価や納期は決まっているが、品質だけを決めていない場合が多い。また、受注生産の製品であれば、目標の品質や性能は定めるものの、顧客から言われた内容のみ目標値（たとえば、生産能力○○など）を決めて、それ以外は設計者に丸投げする場合が多い。このような状態では品質が設計者に一任されてしまっており、設計者によって異なる製品が生み出される可能性が高い。設計者が異なったとしても同じ製品が設計できるような仕組みを構築しなければならない。その一歩がQFDというツールである。

まずはQFDが生まれた背景から解説していこう。

A：QFDの背景

戦後、アメリカから統計的品質管理手法：SQC（Statistical Quality Control）が渡ってきて、日本に広く展開された。戦前の製造業では品質管理対象は製造品質が中心だったが、設計も含めた全社的品質管理手法：TQC（Total Quality Control）に移行され、設計品質が注目された。QCDの発案者である赤尾洋二氏は下記のような課題を感じていた。

・設計品質の決め方が定まっていない
・設計品質を確保するために品質保証上の重点を、生産開始前になぜあらかじめQC工程表などの製造側に伝達、指示できないのか

上記のような課題から設計品質を造り込むべき方法を検討した。赤尾氏は次のように述べている。

「品質とは、その製品が生み出され、ユーザーの手に渡り使われるまでの、その企業の生産、流通に関係する全てのプロセスの結果である。このプロセスとは品質目標を設定する品質企画の段階からはじめる全てのプロセスをいう」

この品質を設計で定義するために、顧客に満足が得られる設計品質を設定し、その意図を製造工程まで展開する目的でQFDツールを発案した。

B：QFDの必要性（DRBFMとの繋がり）

今の時代はモノ余りの時代であり、生活に必要な製品が単にその機能を満足するだけでは、消費者は製品を購入しなくなった。消費者はより多機能で差別化された製品を要求している。こうした顧客要求の多様化により、マーケットインへの考え方が必要になっている。言いかえると、顧客の要求を機能に展開し、モノ造りができる企業が必要とされている。では、製品に求められる機能が曖昧な状態で開発を進めるとどうなるのか、下にまとめてみる。

・初期品質低下を招く＝設計上の不具合が発生する
・顧客が満足する製品を作ることができない
・重複している機能が織り込まれており、コストが高くなっている
・設計変更が多発する

このような状況を発生させないようフロントローディング化するためには、QFDにて目標品質を定めた上で、手戻りのない状況を構築する必要がある。

では、QFDの立ち位置を解説していこう。

QFDは顧客要求を機能や製品化の要件に変換し、設計開発にインプットする役目を持つ。QFDがないまま構成部品を検討すると、設計者によって選択する部品が異なったり、選択する他の部品との不都合が発生（機能の干渉）したり、

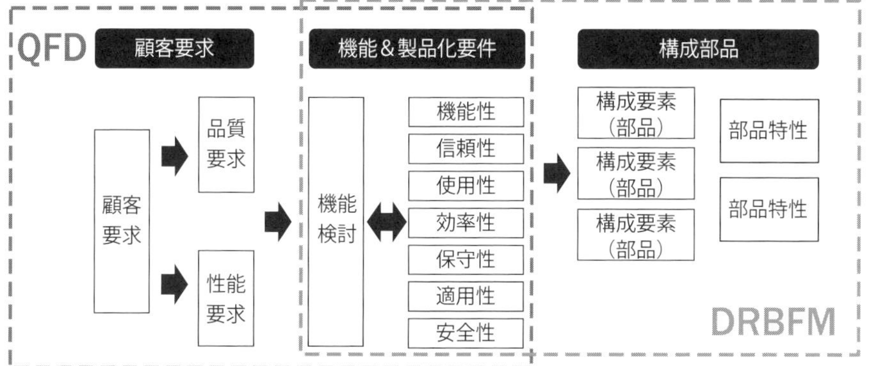

図表2-34　設計手順の中でのQFDとDRBFM

大きな手戻りとなってしまう。また、後のプロセスで実施するDRBFMにおいても単にリスク（故障モード）を想定するのではなく、機能の欠損や商品性の欠如となるような内容を想定しなければならない。よって、設計開発最初の時点で必要な機能を抽出しておかなければならないのだ（**図表2-34**）。

C：機能系統図

QFDやDRBFMで必要となる機能の考え方や製品に必要な機能を体系的にまとめた、機能系統図について解説していこう。まずは、機能の定義から考えていく。

機能の定義

製品コンセプトをより具体化し、製品の持つべき機能を明確にすること

製品がどのような機能を持つべきなのかを考える際に重要なポイントは、機能を目的と手段で分解していくことである。

対象製品を取り上げて、その全てについて機能間のつながり、方式を決定しながら明確にし、設計仕様に至るまで機能のつながりを演繹的に展開していく。

では、機能系統図の詳細内容を解説していく。

C①：対象製品の基本機能を明確にする

基本機能とは、企画されたその製品の目的を果たすための第1の働きをいう。

基本機能の例

冷蔵庫：食品を冷やす（製品目的：食品を保存する）
ルームクーラー：室内の温度を下げる（製品目的：室内を快適な状態にする）
ガスライター：炎を出す（製品目的：タバコに火をつける）

しかし近年では、基本機能のみでは差別化ができないため、顧客の潜在ニーズから付加価値をつけることがよくある。

たとえば、冷蔵庫の基本機能（製品目的）は、「食品を保存する」ことであるが、近年の冷蔵庫は「食品を長く保存する」という基本機能に変わってきている。この「長く」という部分が付加価値である。では、「長く保存する」というのはどのように実現しているのだろうか。ある冷蔵庫では野菜室にイオンを噴射して、野菜の表面に付着した菌を除菌している。除菌により野菜の鮮度を保つことができ、野菜室内の雑菌を抑え、清潔に保つことが可能となる。結果、「長く」食品を保存できるようになるのだ。このように基本機能を中心にして、下位の機能を増やしていくことにより（冷蔵庫の事例であれば、「イオンを噴射する」こと）、製品に付加価値が与えられ、競合との差別化や優位性を確保できる。

C②：機能分野を明確にする

基本機能の下位機能を頂点とした機能群を「機能分野」と呼び、これを明らかにする。また、末端機能と呼ばれる機能はこれ以上細分化できない機能として定義している。この末端機能は部品に置き換えることができ、製品に必要な部品を検討することが可能となる（**図表2-35**）。

本来の設計の在り方としては、「設計の基本原理」（第2章）で解説したように、機能を検討する必要がある。この機能を検討することにより、製品に必要な部品を設定することができるようになる。今の設計の在り方は流用設計であるため、いきなり部品から検討する設計者が多いが、流用設計であっても、流用元から変化する部分にどのような機能が必要かを検討した上で設計を進めていく必要があるのだ。

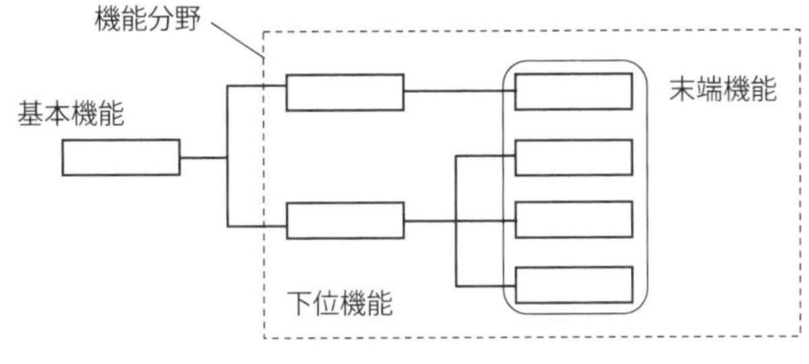

図表2-35　機能系統図イメージ

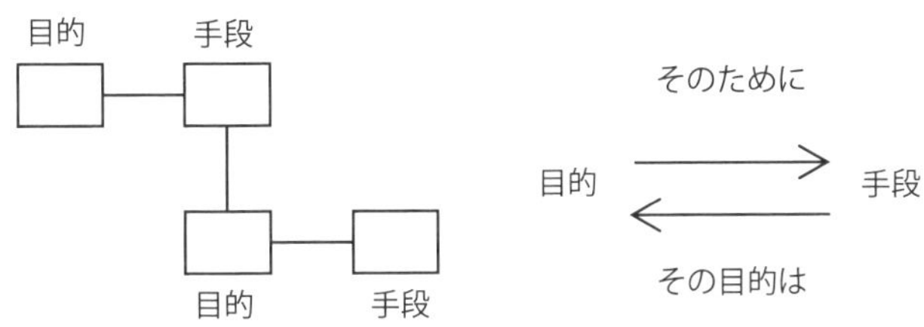

図表2-36　目的と手段の関係

設計を進めていく上で、ひとまず製品に求められる機能を検討してみよう。そうすると必要な機能、不要な機能が抽出でき、洗練された製品を生み出すことが可能となるだろう。

C③：上位機能と下位機能を明確化する

上位機能と下位機能のつながりを「目的と手段」の考え方により、明確にする。上位機能（目的）から下位機能（手段）を確認するには、**図表2-36**のように「目的を達成するための手段」、その逆については、「手段の目的」を確認していく。

基本機能・上位機能（目的）は、「何のために存在するのか」という対象の使用目的、存在理由、役割、使命のことをいう。目的を抽出するときに、「その製品がなかったらどう困るか」を考えるとおのずと目的が見えてくる。

また、下位機能（手段）は、「何をするのか」という目的を果たすための手段、役割を果たすために対象が持つべき努め、または特有の性質をいう。手段を抽出するときは、「製品を見たまま表現する」ことにより、手段が見えてくる。事例として灰皿の基本機能（目的）と下位機能（手段）を考えてみよう（**図表2-37**）。

灰皿は何のために
存在するのか考えよう！
（解答は次のページ）

〈解答欄〉
基本機能：
下位機能：

図表2-37　灰皿

読者の皆さんは基本機能を出せただろうか？　この質問をすると多くの設計者は次のように答える。

「タバコを吸うため」

しかし、灰皿がなくてもタバコは吸うことができる（タバコを吸うマナーを守らなければならないし、路上喫煙はもってのほかだが、いったんその問題はおいておいてほしい）。先ほども述べたように、灰皿がなく、タバコを吸ったらどうなるのかを想像してほしい。灰は地面に落ちるし、吸い殻を地面に捨てると、汚れてしまう。この状況を打開するために灰皿があると考えるとどうなるだろうか？　それが答えだ。

「灰と吸い殻を周囲に散乱させない」ことにより、常にきれいな状態を保つことが可能となる。きれいな状態を保つ必要のない場合は、灰皿という製品が必要ない場合である。少し昔の話にはなるが、ある立ち飲みの居酒屋では灰皿がなかった。灰と吸い殻を地面に捨てるのだ。店主に話を聞くと、「1人でやっているので、灰皿を片付け、洗う時間がない。灰と吸い殻は閉店後に清掃する」と自信満々に話をしていた。地面をきれいに保つ必要がない場合であれば、合理的な考え方である。話を元に戻すが、製品というのは、環境などにより、目的や使い方が変わってくる。しっかりと機能の中の目的をとらえ、製品設計をしなければ、市場に受け入れてもらえないだろう。

このように日常的に使用している製品でも、基本機能・上位機能に対して下位機能が存在する。その下位機能が持つ機能を実現する部品、材料を選定していき、設計していくこととなる。設計者は頭の中で機能系統図を作成している。そうでなければ設計はできない。しかし、設計者の頭の中に機能系統図があっても、承認者である管理者は分からない。

また、機能と間違えて捉えられやすいのが性能である。筆者が様々な企業の設計者と議論をする中で、「そのフランジの機能は？」と質問すると、「○○kgまで耐えられるようにフランジを付けました」といわれることがある。「○○kgに耐えられる」ことが、フランジの機能だろうか？ 答えは、ノーである。それは「性能」である。では、機能と性能ではどのような違いがあるのだろうか？ 自動車とカメラを事例に考えてみよう。

機能事例①　自動車
走る、曲がる、止まる、繋がる
機能事例②　カメラ
撮影ができる、写真が撮れる

これはどのようなことを意味しているのか。機能の定義は先ほど解説したが、簡単にまとめると、「ある物事（システム）に備わっている働きであり、製品が果たす役目、役割」のことを示す。

では、次に機能と混同しやすい性能はどうだろうか。

性能事例①　自動車
燃費40km/L
性能事例②　カメラ
画質300万画素

性能事例①で列挙した燃費というのは、機能である「走る」という能力の1つに過ぎない。よって、「走る」という機能の中で市場ニーズをとらえたときにどこまで高めなければならないのかを検討していく。それが性能だ。性能の定義は、「機械や道具の性質と能力。また、機械などが仕事をなし得る能力」のことである。

性能は機能の下位の概念で、機能を数値や指標に変換し、その能力を誰でも理解しやすいように定量的に表現したものである。最初のフランジの機能については、「○○を固定する」というのが機能の正しい表現であり、「○○kgまで耐えられる」というのは、固定するという機能の中でどこまでの性能が求められるかを定量的に示している言葉に過ぎない。この機能と性能を混同して使用しないように、しっかりと「機能」を理解し、機能系統図を作成してほしい。

C④：必要機能以外を排除する

機能と一言で表現しても、それぞれの部品に多くの機能が存在する。様々な機能が存在する中で必要機能のみを残すことにより、設計品質の向上、コストダウンが可能となる。基本機能をとらえて下位機能を検討することにより、「機能分野ごとの機能のつながり」が明確になり、機能が細分化され、各機能の必要性の判断が可能となる。結果、無用、過剰、重複機能が排除され、必要機能、不足機能、創造機能が明らかとなる。

では、機能にはどのような種類が存在するのか**図表2-38**で確認していこう。この中で設計者として抜け漏れがあってはいけない機能は、不足機能である。市場や顧客が求めているニーズに合致するためには、不足機能の抜けがあってはいけない。では、不足機能とはどのような内容だろうか。確認してみよう（**図表2-39**）。

〈116ページの問題の解答〉

基本機能：灰と吸い殻を周囲に散乱させない

下位機能：灰と吸い殻を貯える

機能名	内容
必要機能	本来製品に必要な機能
不足機能	本来必要にもかかわらず、今まで存在しなかった機能
創造機能	あればより大きな付加価値を生む機能（必要不可欠な機能ではない）
無用機能	それ自体が目的を果たしていない機能
余剰機能	従来からある機能だが、他の機能を付けたことにより、必要なくなった機能
重複機能	同じ機能を果たすために、装置、システム、ユニットや部品が２つ以上別々にある機能

図表2-38　機能一覧表

この画鋲（押しピン）には不足機能が 1 つだけ存在する。それはなんだろうか？

〈解答欄〉

必要機能（基本機能）：紙類を壁などに固定する

不足機能：

図表2-39　画鋲の不足機能

なかなか思いつかない読者の皆さんにヒントを与えよう。画鋲を使用するシーンを思い出してほしい。画鋲を使用しているときに最も困ることはなんだろうか。画鋲の使い方を考えれば、分かってくるだろう。画鋲を壁に押し付けるのと、画鋲を抜くことである。もうここまで言えばわかるだろう。

画鋲を抜くときに、壁と画鋲の隙間に爪を入れ、爪の力で画鋲を抜く。固いときは回しながら、何回も爪を差し直しなんとか抜ける状態である。これは、「画鋲を壁から取り除く、抜く」という機能が欠損しているのだ。今は画鋲に画鋲抜きが入っている、もしくは、先端に持ち手がついている画鋲が主流になってきている（**図表2-40**）。

〈解答〉
必要機能（基本機能）：紙類を壁などに固定する
不足機能：壁などから画鋲を抜く

図表2-40　画鋲の不足機能（解答）

このように顧客の使用環境などを観察し、現在の製品での不足機能がないか十分に調査をした上でQFDとDRBFMにインプットする必要がある。

D：QFDの全体像

再度、QFDの定義を解説する。

QFD（Quality Function Deployment/要求品質展開）の定義
QFDは顧客に満足が得られる設計品質を設定し、その設計意図を製造工程まで展開するために用いられる手法。

図表2-41にQFDの体系図を示す。使用方法は、縦軸に顧客ニーズから展開された技術的手段を記載し、横軸に品質特性項目（耐久性など）を記載する。顧客ニーズから展開された技術的手段と関連の深い品質特性項目にチェックを付け、縦軸でチェックの合計点数を計算する。点数の高い品質特性項目が、顧客ニーズと関連が深いということになる。よって、その品質特性項目を競合他社と比べながら、目標となる品質の指標を設定していく。目標品質や性能を決めるときに使用するツールであり、目標決定があいまいであればあるほど、基本設計段階での手戻りが多くなる。そのため、設計開始時点で明確な根拠（顧客ニーズ）を元に目標数値を決定する。

①の顧客ニーズを要求品質に展開し、②の品質特性を設定する。③の要求品質と品質特性の相関度を確認する。相関を確認する方法は、次のような方法となる。

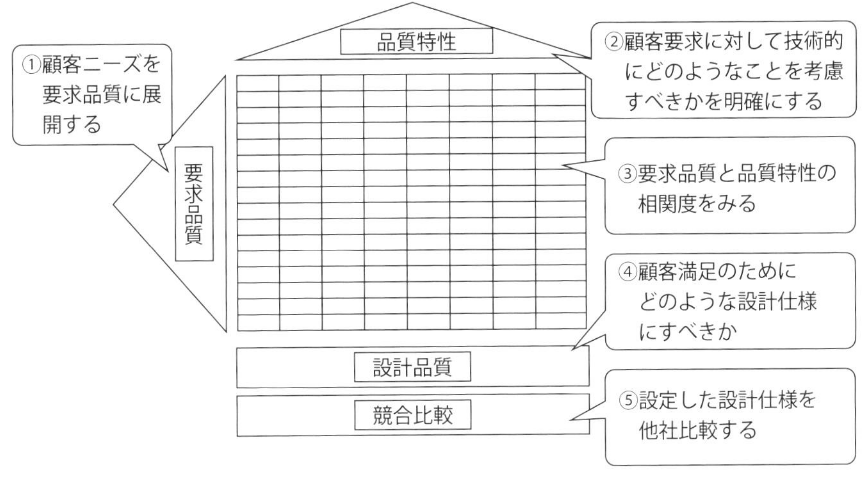
品質特性
①顧客ニーズを要求品質に展開する
②顧客要求に対して技術的にどのようなことを考慮すべきかを明確にする
要求品質
③要求品質と品質特性の相関度をみる
④顧客満足のためにどのような設計仕様にすべきか
設計品質
競合比較
⑤設定した設計仕様を他社比較する

図表2-41　QFDの体系図

1. 顧客ニーズの展開（縦軸）

要求品質項目を1次、2次、3次に体系化する。

①顧客ニーズ項目を細分化する。1次は顧客からヒアリングした、大きくて曖昧なニーズであり、そのニーズを2次で明確な内容に細分化する。

100円ライターであれば、次のようになる。

1次：確実に着火する（「確実に」の部分を細分化する）

2次：簡単に、どこでも着火できる

さらに、2次の内容を実現するための具体的な方法に3次として展開する。

2次：簡単に、どこでも着火できる

3次：片手で着火できる（簡単を具体的な方法に展開する）

②3次項目を確認し、顧客ニーズ（1次に対して）の不足要求品質項目を検討し、追加する。

③3次項目を【○○を△△する】の表現に修正する（わかりやすい表現に修正する）。

④3次レベルの要求品質項目に対して重要度の重み付けをする。

重要度を5段階「5、4、3、2、1点」で評価する（重要度：大⇔小）

2. 顧客要求品質項目に対して製品の品質特性の展開（横軸）

製品、ユニットに必要な品質特性項目を洗い出す。

①外観（デザイン）

②性能（基本性能、強度、騒音、操作性……）

③耐久、信頼性

④安全性

⑤メンテナンス性

3. 品質特性項目を1次、2次に体系化する。

①品質特性項目を1次（品質特性概要）、2次（品質特性詳細内容）に展開する。

100円ライターであれば、次のようになる。

1次：性能

2次：着火性・操作性など

②不足項目を検討し、追加する。

③2次レベルの品質特性項目に対し、実現難易度の重み付けをする。

実現難易度を5段階「5、4、3、2、1点」で評価する（実現難易度：難⇔易）

4. 要求品質項目と品質特性項目の関連付け

①要求品質と品質特性のマトリクス表を作成する。

②要求品質項目と品質特性項目の関連性を確認し、「関連が強い、普通、少しある、無い」の4つに区分する。

③マトリクス表の関連性に基づき、◎、○、△を記入する。

関連が強い：◎　　普通：○　　少しある：△　　無い：空白

④関連付けに対して（重要度＋難易度）×（◎：5　○：3　△：1）の計算方法で重み付けを実施する。

⑤◎、○、△の横に計算数値を記入する。

5. 品質特性項目について総得点を計算し、点数の高い項目を重点項目として設定

①各2次品質特性項目に対して、次の式で総得点を算出する。

Σ（（重要度＋難易度）×（◎：5　○：3　△：1））

②総得点の高い方から重点項目に設定する。

6. 各品質特性項目に対して設計品質（目標値）を設定する。

①品質特性項目に対して定量的な設計目標値を決定、記入する。

②この設計目標値を設定する評価方法、評価基準を決める。

7. 競合他社の品質数値と自社の設計品質を比較する。

品質数値を比較し、他社よりも劣っている場合には、再度目標値を見直す。

要求品質（顧客ニーズ）と品質特性の相関度をチェックする（◎、○、△）際に、1人の設計者で実施してしまうとその設計者の主観が大きく反映されてしまう。商品企画、営業、設計の3部門のメンバーで議論しながら進めていかなければならないことを念頭に置いておいてほしい。では、実際に100円ライターでQFDを実施した内容を確認してみよう（**図表2-42**）。

この表で確認してもらいたいのは、どの品質特性項目の点数が高いかである。

顧客が求める品質特性が高い項目は「形状寸法」と「着火性」の2項目で、点数は300点以上と非常に高い結果になっている。よって、商品企画書で定めている下記の2点を中心に進めて問題がないということを示している。

第1種：見てわかる

①質感（見てもわかる良い質感）

②コンパクトサイズ

第2種：使ってわかる

①点火しやすい

②着火率が高い

商品企画書で定めているのは、あくまでも顧客のニーズや市場などのマーケティングと社内に保有している技術要素から検討している内容であり、開発の大きなベクトルを示している。この大きなベクトルから絞り込んでいく必要があり、その絞り込みにQFDが使用される。今回であれば、「形状寸法」と「着火性」に着眼して開発を進めていくことになる（**会話2-22**）。

要求品質		品質特性	重要性	1次 外観				性能						耐久信頼性			安全性		
			2次	形状寸法	質感	色	重量	着火性	炎調整	操作性	ガス容量	燃焼効率	強度	耐久性	耐候性	耐熱性	火災	落下性	2 / 3
			実現難易度	5	3	3	5	5	3	4	5	5	3	3	3	3	3	1	
1次（顧客ニーズ）	2次（顧客ニーズ細分化）	3次（実現機能）																	4
確実に着火する	簡単に着火する	片手で火がつけられる	5	○ 30			○ 30	◎ 50		○ 27									
		ワンタッチで着火する	5					◎ 50		○ 27		○ 30							
		軽いタッチで着火する	4				◎ 45	◎ 45		○ 24									
	どこでも着火する	雨の中でも着火する	3					◎ 40							◎ 30				
		寒いところでも着火する	4					◎ 45							◎ 35				
		強風の中でも着火する	3					◎ 40							◎ 30				
使いやすい	安心して使える	炎の調整ができる	4					○ 27	◎ 35	◎ 40									
		炎が安定している	3					△ 8	○ 18		△ 8	△ 8							
		長い間炎をつけられる	3								◎ 40								
	処理が容易である	どこでも安心して置ける	5	◎ 50			△ 10						◎ 40				◎ 40		
		ゴミ箱に捨てられる	5								△ 10						◎ 40		
安心して携帯できる	安心して持てる	必要なときだけ着火する	5					△ 10	○ 24	◎ 45			◎ 40						
		確実に火が消える	5	◎ 50															
		着火時にだけガスが出る	5							△ 9		◎ 50							
	買い替え時期がわかる	ガスの残り量が分かる	2	◎ 35							△ 7								
		ガスがなくなるまで使える	3	◎ 40							△ 8								
長い時間使用できる	丈夫である	強い衝撃に耐える	5										◎ 40	◎ 40			◎ 40	◎ 30	
		落としても使える	4										◎ 35	◎ 35			◎ 35	◎ 25	
		水の中に落としても使える	2												△ 5				
	持ちやすい大きさである	手の中に納まる	2	◎ 35	○ 15		○ 21												
		適度な重さである	2	◎ 35			◎ 35				△ 7								
		ポケットに入る	4	◎ 45			△ 9				△ 9								
		タバコの箱に入る	1	◎ 30															
合計（重点度）				350	15	0	150	315	77	172	89	88	155	75	100	0	155	55	
1				5															

（参考：永井一志，大藤正『第3世代のQFD』日科技連出版社）
枠外の1～5の数字はQFDの手順を表す番号と対応しています。

図表2-42　100円ライターQFD表

会話2-22

商品企画書からすぐに開発を進めていけば早いと思うんですが、ダメなんですね～
設計くん

その通りだ。商品企画書から目標品質をしっかりと設定し、開発の方向性を絞り込んでいかなければならないのだ
プロセスマン

②設計方針の設定：設計仕様書

設計を始める前に設計内容の方針、全貌を明確にするために必要となる資料である。設計方針、その設計開発に使用する技術などを設計前に決定する。複数の設計者で1つの製品を設計する場合には必要となる。理由は、設計者全員の設計に対するベクトルを合わせなければならないからだ。そうしなければ、設計者ごとに考え方が異なり、ユニットを合わせた時の機能実現が難しくなるし、各ユニットのインターフェースも合わなくなる。その結果、製造段階で問題が発生する可能性が高い。また、先ほども述べたが、商品企画書をそのまま設計にインプットすると、目標値が曖昧となってしまい、手戻りが発生する可能性がある。設計者による違い、目標値や仕様内容変更による手戻りを無くすためにも設計仕様書を作成し、具体的な設計方針を定める必要がある（**会話2-23、図表2-43**）。

それでは、設計仕様書の各項目に対する具体的な内容を100円ライターで確認していこう。

A：商品企画書・要求仕様書

量産品（見込生産品）の場合は、商品企画書、受注生産の場合は要求仕様書

会話2-23

設計方針って、各設計者に任されていることが多くないですか？ 方針書ってほとんど見たことがないです

各設計担当者に任せてしまうと設計者が異なる場合、異なる製品が創出されてしまう可能性が高い！ それでは、全製品の責任を設計者が負うことになってしまう。その会社としてどのような製品設計にしていくのかを決めなければならない

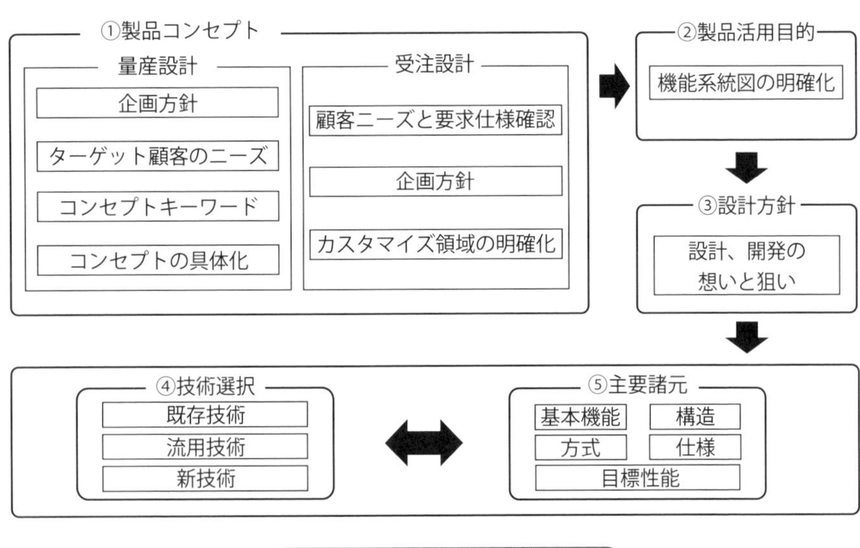

図表2-43　設計仕様書の内容

（もしくは見積仕様書）が設計仕様書のインプットとなる。このインプットを元に設計仕様書を展開していく。

B：機能の明確化：機能系統図

商品企画書から今回の開発に必要な機能を抽出していく。早速、100円ライターの機能系統図を確認してみよう。

● 機能の削減：ガスを調節する

商品企画書で定められた内容と目標品質を設定したQFDの結果から、必要のない機能削除を検討していく。

今回の100円ライターで考えると、ガスを調整するという機能を削除できる構想になっている。ただし、技術的に炎の量を常に一定量出せることが前提であるため、この部分に対しては新しい技術要素が必要になってくる。また、着火時の酸素量を今までよりも多く供給することにより、少ないガスの量でも確実に着火できるという技術要素も必要になってくる。

● 機能の強化：空気孔をあける

着火時に酸素を多く供給する機能である。この機能についてはもともと備わっている機能であるが、その性能をさらに向上させるという意味を持っている。

● 機能の追加：ガスを「安定して」噴射する

ガスを噴射するという機能はもともと備わっているが、「ガスを調整する」という機能を削除するために必要であり、新たな付加価値である。

このように今までの既存製品の機能から、削除、強化、追加する部分がどこにあるのかを明確にし、体系化することが重要である（**図表2-44**）。

C：設計方針：設計、開発の想いと狙い

設計方針を決めるために必要な考え方は下記の3つとなる。

- 設計、開発の考え方と想い
- 競合他社との技術の差別化方針
- コスト方針

それぞれの内容を解説していく。

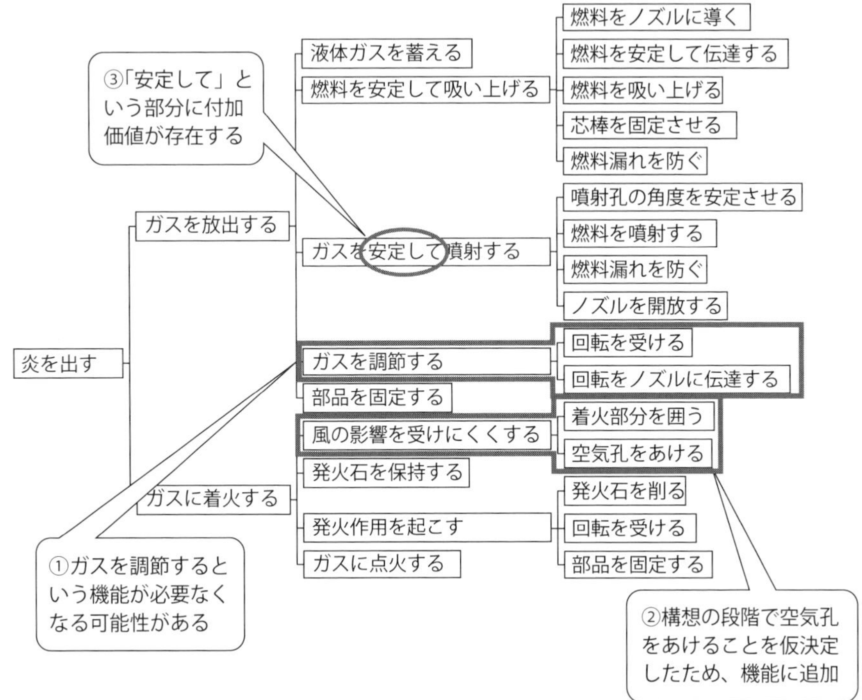

図表2-44　100円ライターの機能系統図

● 設計、開発の考え方と想い

設計仕様書の中で最も重要な部分であり、この方針の違いによって、製品の方向性が大きく変わってしまう可能性がある。もちろん、商品企画書の枠から外れるような方針を立案してはならない。

設計方針の立案とは、商品企画書で考えている製品の概略と、機能の変更をする領域について、どのような内容で設計していくのかを決めることである。設計方針を決めた後に、機能を実現するために必要な技術を検討するため、具体的な技術内容ではなく、大きな設計の方向性を決めることを心がけてほしい。**図表2-45**を確認し、商品企画と設計方針と技術の選定の関係性を理解してほしい。

● 競合他社との技術の差別化方針

すでにこの世に存在している製品の場合は、競合他社との差別化の方針を設定

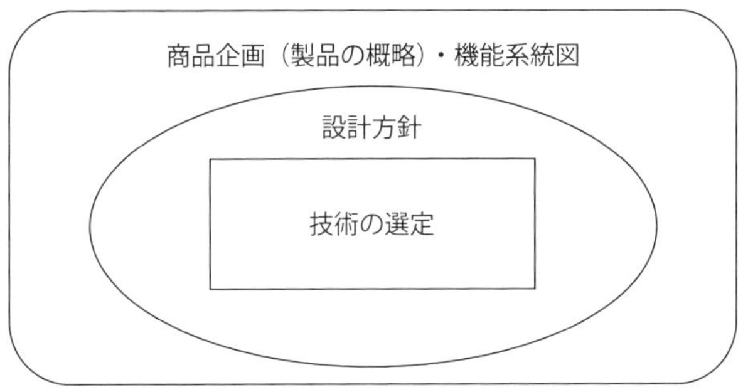

図表2-45　商品企画・機能系統図と設計方針と技術の選択の関係性

現行製品 A&M ライター	1. 製品の主な内容 1）点火回数2000回程度（レギュラーサイズの場合） 2）男性の手になじむ大きさ（他社に比べて大きい） 3）炎の調節が必要 4）CR未対応 2. 価格：150円 3. サイズ：H100×W30×D20mm 4. 重量：24g 5. 点火方式：電子式

⟷

競合製品 BIC ライター	1. 製品の主な内容 1）点火回数3000回以上（レギュラーサイズの場合） 2）手になじむ外径 3）炎の大きさが一定（調節の必要無し） 4）CR対応済 2. 価格：120円 3. サイズ：H80×W25×D15mm 4. 重量：22g 5. 点火仕様：フリント式&電子式（両方の仕様がある）

図表2-46　競合他社との比較

しなければならない。ここではQFDで実施した目標品質において、競合他社との差異がどのようになっているか確認する必要がある（**図表2-46**）。競合との差異を図るための方法としてはティアダウンがある。ティアダウンについて紹介する。

• ティアダウンの定義

分解した装置や部品、データ類を比較する、機能・構造分析手法のこと。また、分解した製品や部品を比較し、機能や構造の差異から新しい機能と実現方法を研究する。

• ティアダウンの目的

各部品の構造や寸法の詳細内容を分析することで競合他社の製品レベルが把握できる。また、自社の製品と比較し、取り込む必要があるべき技術内容を明確にし、製品のレベルアップを図る。

• ティアダウンが必要なタイミング

次の4つのタイミングでティアダウンを実施する。

・製品、技術ロードマップ検討のタイミング

・新製品開発のタイミング

・設計者のタコつぼ化から脱却を目指すタイミング

・現状の自社製品の競争力を分析するタイミング

• ティアダウンの手順

まず、自社製品と他社製品を準備し、各製品を部品レベルまで分解する。それから競合他社製品の横に、自社製品を並べる。このとき、特に同じ機能を持った部品を並べる。そして、各部品にタグをつけて、他社製品の部品表を作成する。

• ティアダウンでの分析手順

まずは、自社と他社の部品を比較し、他社の各部品の機能を算出する。それから各部品のコストを算出する。ここでのコストはあくまでも概算である。そうして自社と他社の機能やコストを比較し、その結果をまとめる。

ティアダウンのような手法を使い、競合他社の製品分析を行うことで、差別化ポイントを明確に設定していく。

● コスト方針

コスト方針は、商品企画で設定された売価から目標となる原価を設定する考え方である。また、設計方針の部分でコストの方向性がある程度見えているため、その内容も含めて目標となる製品の合計のコスト方針を設定していく。

それでは、具体的に100円ライターの設計方針を確認してみよう（**図表2-47**）。

1の点火方式の選択については、現行の製品が電子式しか存在しないため、耐久性や信頼性の観点からフリント式（発火石方式）についても検討する必要があ

設計方針
1. 点火方式の選択により、高い信頼性・耐久性を実現する（設計、開発の考え方と想い） 2. 他社に比べ、圧倒的に多い点火回数と安定的な炎を実現する（競合他社との技術の差別化方針） 3. 不要な機能の見直しによりコストダウンを図り、目標原価×90%を目指す（コスト方針） 4. CR（Child Resistance）対応とする

図表2-47　設計方針

り、設計方針に組み込んだ。2の点火回数と安定的な炎については、商品企画、機能系統図にて導き出した「燃費改善」と「一定のガス量供給」から、実現可能な方針として制定した。3については、「一定のガス量供給」から削除可能な機能があるため、コストダウンできる可能性がある。さらに厳しい目標値（ストレッチ目標）として、目標原価の90%を設定した。4のCRについては、法規制となっており、早急に対応しなければならないため方針に記載したが、CRをどのように実現するかは後の設計にて検討する。

● 技術の選択：新技術、流用技術、既存技術

設計方針を決めた時点で設計をスタートすることが可能だが、さらに設計するための「武器」を設計者にインプットするため、その「武器」を明確にしていく。設計方針については、設計のマネージャー的立場のメンバーが設定する必要があるが、この技術の選択の部分については、設計者も交えて議論してほしい。では、具体的に設定する技術の内容を解説していこう（**図表2-48**）。

- 既存技術
  当製品（旧モデルなど）にて使用されている技術
- 流用技術
  自社の他の製品にて使用されている技術
- 新技術
  まだ製品化されていない技術

既存技術と流用技術についてはすでに製品化されているため、量産開発技術と定義づけすることができる。新技術についてはまだ製品化されていない技術であ

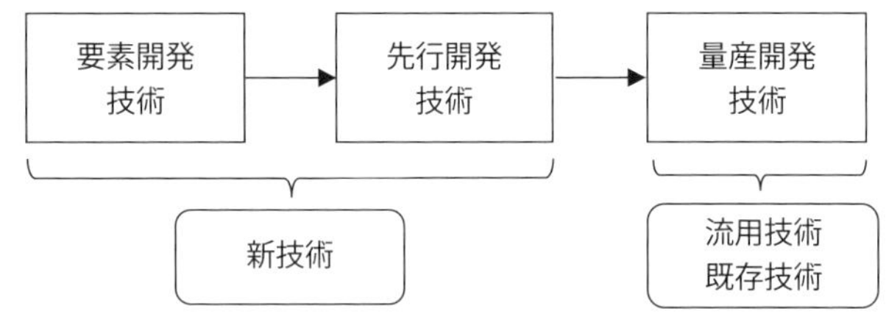

図表2-48　技術の分類

るため、要素開発技術もしくは先行技術開発となる。要素開発技術は、技術的な内容が全て確立されておらず、まだ研究している段階であり、製品に使用することは難しいだろう。そのため、技術の選択にて選定する新技術は、先行開発技術でなければならない。先行開発技術はまだ製品化されていないが、技術的には完成しており、いつでも製品に投入することが可能な技術である。

それでは100円ライターの技術の選択について見てみよう（**図表2-49**）。設計方針よりも具体化されていることが理解してもらえるだろう。1の点火方式の見直しについては、信頼性、耐久性を含めQFDで設定した目標値に到達可能かどうかが現時点では不明なため、フリント式もしくは電子式どちらも採用可能な技術となっている。これは設計を進めていく段階で絞り込むことになる。2の燃料方式の新開発については、炎を一定にする機構の技術がすでに先行開発で確立されているため、新技術を使用できると判断した。さらに具体的に削除するべき機能を明記し、コストダウン方針をより明確にした。3の燃料消費量については、着火ミスの削減から具体的な点火回数の目標値を設定した。気密性向上については、設計者から出た意見として記載した。4のCR対応についてはコストアップとならないようなアイデアを設計者で検討してもらうために記載した。

このように商品企画を成立させるための具体的な「武器」を設計者に持たせた上で設計インプットしてほしい。この部分を設計者に丸投げしてしまうと多くの負荷が設計者にかかってしまい、やり直しや手戻りが発生し、設計品質が向上しない可能性が高い。ぜひ設計仕様書を作成するプロセスを踏んだ上で開発を進めていただきたい（**会話2-24**）。

技術の選択
1. 点火方式の見直し【既存技術】 1）フリント式もしくは電子式のメリット・デメリットの検討 2）企画を満たす方式の採用検討 2. 燃焼方式の新開発【新技術】 1）常に炎を一定にする機構（メンブレンフィルム）の新開発 2）1）の実現により、炎調節機構を排除し、コストダウンを図る 3. 燃料消費量（点火回数4000回以上）の低減開発【新技術】 1）機密性向上の開発 2）確実な着火機構の検討（着火ミスの低減） 4. CR対応【流用技術】 CR機能追加により、コストアップすることのないように検討

図表2-49　技術の選択

会話2-24

設計くん

設計するための武器かぁ〜。もたせてもらったことないな……。いつも自分で検討して、設計を進めてしまっています

「武器」を自分で探せたり、発掘できたりするベテランはいいだろうが、経験の浅い設計者はそうはいかないだろう。やはり武器を持たせた上で設計を進めないと、あとでやり直しになってしまうだろう

プロセスマン

ポイント3：流用元の設定、カスタマイズ領域の検討、DRBFM

ポイント3のプロセスでは、今までにインプットされた内容を総合的にまとめた上で、流用元の確定、カスタマイズ領域の確定、DRBFM（リスクの抽出（故障モード）と対応策）を検討していく。再度、100円ライターの概略構想書を見てみよう。

100円ライター概略構想書

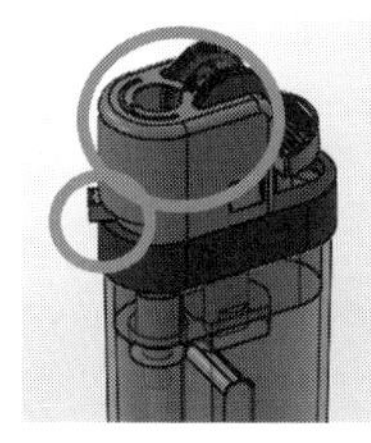

企画方針
①点火しやすく操作が簡単
②同じ燃料量でも点火回数が多い
③子供が操作しても簡単に点火しない
……

商品企画の大きな方針から、現状の100円ライターAを流用元として選定し、カスタマイズ領域を検討。

①流用元の選定理由

100円ライターAは最も点火回数が多く燃費が良い製品のため、流用元として選定。カバーの面積が大きく、着火ミスを削減するための検討が十分に可能。

②カスタマイズ領域

点火モジュール

カバー部分をカスタマイズする。着火ミスが多い原因は酸素量不足のため、より多くの酸素量が確保可能なカバー形状とする。着火ミス削減を実現するためにコストがもっとも低くなる施策と判断。

噴射モジュール

酸素量が増加すると、ガス量は少なくてもよくなるため、ガスの燃料量を増減させる機能は不要と判断。燃料調整機構が削減されることで大きなコストダウンが可能となる。

①流用元の確定

概略構想書で選定した流用元が正しいか、設計変更領域が少なくなる製品がないかを検討していく。着目しなければならないポイントは、下記の4つとなる。

①流用元から基本機能・基本性能を実現する構造部分を変更しないで済む流用元はないか
②部品点数の大幅な増加（1.5倍以上）がないか
③過去の不具合対策がされている製品か
④過去に流用された実績があるか、また、その流用時に問題が発生していないか

上記のポイントを確認しながら、慎重に流用元を選定していこう。選定するにあたっては、本来、「標準モデルや標準機」と呼ばれる全ての流用元の親にあたる設計を使用することが望ましいが、設計変更が少なくなる場合は派生の製品でも流用元として選定しても問題ないだろう。しかし、その派生の製品にどのような機能が盛り込まれているのかしっかりと確認する必要がある。その全てを解決したのがモジュールである。今回は100円ライターAについては、すでにモジュール化が終了している前提でプロセスを解説していく。

概略構想書では、「100円ライターA（モジュールパッケージ）」としているが、他に流用元として適している製品はないかを確認していく。今回の100円ライターの開発では、先ほども述べたようにすでにモジュール化が完了している100円ライターAが流用元として最適であると判断した。

先ほど述べたポイントで最も重要なのが、「流用元から基本機能・基本性能を実現する構造部分を変更しないで済む流用元はないか」である。基本機能や性能を変更するとなると大幅に設計変更しなければならず、設計者への負荷が高くなってしまうだろう。その点を考慮するとこの100円ライターAは他のライターに比べ点火回数が多く、燃費がよいことから、仮にモジュール化がされていなくても最適であると判断できる。

②新規設計領域の確認と変化点抽出・管理

新規設計領域を確認し、設計変更の内容をリストアップしなければならない。

設計変更の項目から、この後のDRBFMを作成し、リスクとなるポイントを抑えた上で対応策を基本設計にインプットしていく必要がある。

流用元の設定と共に下記のフォーマットで整理するとまとめやすいだろう。変更点・変化点管理のフォーマットに100円ライターの具体的な事例も記入していく（**図表2-50**）。変更点・変化点管理を行う場合には、必ず**図表2-51**の視点で検討してほしい。

A：設計の変更点・変化点の視点

この内容については、設計者の頭の中に入っていることを整理するだけだろう。しかし、変化点（他からの影響によって変更せざるを得なくなった部分）についてもしっかりと押さえておいてほしい。自動車の開発でいえば、エンジン設計についての変化点は、トランスミッション設計やボディ設計、シャシー設計など関わりがある設計からの変更点で、エンジン設計に影響があった場合に変化点として記載しなければならない。たとえば、トランスミッションのギア比の変更がされた場合にエンジン設計としては、最高速度などに影響が発生する。その変更が受け入れられるのかどうかを含めて検討しなければならない。

①流用元の設定と設定根拠
開発目的 100円ライターの従来の概念を覆す、圧倒的な能力を持つ差別化商品を市場に投入する
流用元の設定 100円ライターAを流用元に選定する
流用元の設定根拠 ・他の製品に比べると基本機能・性能が最も優れており、大きな構造的な変更が発生しない ・モジュール化されており、過去の不具合含めて全て解決できている ・変更しなければならない領域が明確に設定可能と推測でき、設計変更の負荷も最小限に留めることが可能 ※ただし、性能部分については大幅に向上しなければならないため、試作時点での評価が必要となる

図表2-50　変更点・変化点抽出シート

	視点	変更点・変化点内容
A	設計の変更点・変化点	①燃費を向上させるための開口面積拡大 ②燃料を一定に噴射する機構の採用 ③燃料調整機構の削除
B	使用環境、条件の変更点・変化点	①CR機能対応のために下記のポイントを検討 ・点火ギアのはめあい公差を小さくし、回りにくくする ・点火ギアを押し下げる機構を追加する（押し下げないと発火石に接触しない）
C	材料の変更点・変化点	特に変更なし
D	製造工程の変更点・変化点	①金属カバー製造工程の変更 ②組立工程の変更

図表2-51　変更点・変化点管理シート

具体的にどのような内容を記載しなければならないかを100円ライターで考えてみよう。設計の変更点については、概略構想から検討してきている内容のため、すぐに記載が可能である。

B：使用環境、条件の変更点・変化点の視点

この視点では、製品が使用される環境・条件が変わった場合の変更点・変化点について記載する。たとえば、日本のみで販売していた製品を海外にも展開するような場合である。この時に注意しなければならないのは、使用する顧客が変わると使われ方も変わるかもしれないという点である。その国独特の文化や風土に合わせて使われる製品については、しっかりと使われ方を見極めていかなければならない。また、法規などが変わった場合も同様だ。販売する国の法規動向をしっかりと把握し、対応しなければならない。

同じように100円ライターで確認していくと、基本設計プロセスに入るまで検討していなかったCR機能についてのみ検討が必要である。CR機能についての方針は、「コストアップなきこと」であるため、構造の大幅な変更などはできない。よって、その方針に従い、CR機能の変更点を検討した結果が下記の2つの内容である。

使用環境、条件の変更点・変化点の視点

・点火ギアのはめあい公差を小さくし、回りにくくする

・点火ギアを押し下げる機構を追加する（押し下げないと発火石に接触しない）

CR機能への対応については、試作し、評価してみなければ分からないが、構造を変更せずとも対応が可能なのが「回転ギアのはめあい公差を小さくし、回りにくくする」ことである。子供の力では回らない程度のはめあい公差を設定することが可能であれば、ほぼコストアップせずに対応が可能である（**図表2-52**）。

C、D：材料、製造工程の変更点・変化点の視点

AとBを受けて、材質を変更しなければならない点や構造や部品追加によって変更しなければならない製造工程を抽出する。製造工程の変更点・変化点については、設計者が組立や加工の情報の全てを持ち合わせてはいないため、製造部門にヒアリングを行い、正しい変更点・変化点を抽出する必要がある。

100円ライターの事例の場合は、「金属カバー製造工程の変更」と「組立工程の変更」が考えられるため、あらかじめ変更点・変化点に抽出しておく。

③DRBFM

DRBFMの定義を再度おさらいしてみよう。

DRBFM（Design Review Based on Failure Modes/トラブル未然防止活動）は、設計の変更点や条件・環境の変化点に着眼した心配事項の事前検討を設計者が行い、さらにDRを通して、設計者が気付いていない心配事項を洗い出す手法のことである。この結果得られる改善などを設計・評価・製造部門へ反映することにより、問題の未然防止を図る。

DRBFMは上記の内容で解説されていることが多いが、DRBFMの誕生の経緯

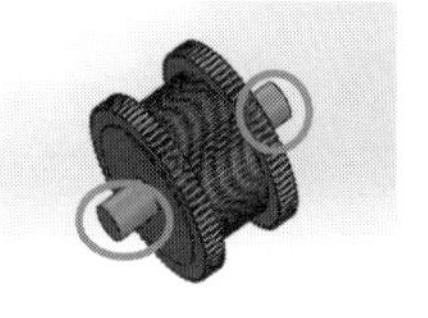

点火ギアのシャフトとアダプターのはめあい公差を小さくし、回りにくくする

図表2-52　CR対応

を含めて考えると、元々あったFMEAが今の時代に合わない品質ツールになってきているため、今の時代の設計のやり方に合わせたFMEAを作ろうという動きから誕生したと考えられる。このように品質ツールも同じ使い方ではなく、使う時代によって、内容を変更していかなければならない。今の時代の設計方法は流用設計が基本であるため、流用元から変更した部分についての故障モードを抽出する、もしくは設計内容が流用元と同じであっても、使われ方が変わる、使用環境が変わるなどの部分について故障モードを抽出する。

このように変更点・変化点に着眼し、リスク（心配点：故障モード）を抽出し、その上で対応策を基本設計に組み込んでいく。結果、設計品質が向上し、手戻り、やり直しが減少することに繋がる（**会話2-25**）。

では、DRBFMの手順を確認していこう（**図表2-53**。詳細な手順については第3章の設計品質ツールの中で紹介する）。

「構成部品の確認と変更点・変化点に着眼」については、すでに「変更点・変化点管理」で実施しているため、抽出した変更点・変化点から故障モードを検討していく。

会話2-25

リスクを出すって、意外と時間がかかるんですよね〜。さっさと設計に入って図面描きたいです
設計くん

少し落ち着こう！ 図面を描いて後々やり直しになるよりも、今、リスクをあげて図面に反映しておいた方が設計くんが楽になるぞ！
プロセスマン

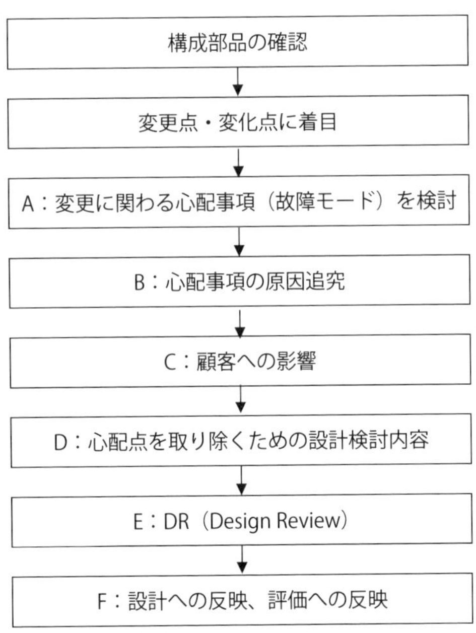

図表2-53　DRBFMの手順

A：故障モードの抽出

設計の変更点・変化点を元にリスクである故障モードをあげていく。100円ライターでの変更点・変化点で考えてみよう（**図表2-54**）。

最初に挙げた「①燃費を向上させるための開口面積拡大」での故障モードを検討してみよう。故障モードを検討するにあたっては単に故障内容を列挙すればいいわけではなく、「機能の喪失や商品性の欠如」に繋がる故障モードに注目しなければならない。変化点管理の進め方として間違って捉えられがちな部分だ。過

視点	変更点・変化点内容
設計の変更点・変化点	①燃費を向上させるための開口面積拡大 ②燃料を一定に噴射する機構の採用 ③燃料調整機構の削除

図表2-54　変化点管理

去トラや設計者自身の過去の失敗経験から、機能や商品性には関係なく故障モードを列挙し、対策を考えてしまうことがよく見られる。

では、抽出するべき「機能の喪失や商品性の欠如」に繋がる故障モードを考えてみよう。先ほどの100円ライターの変更点における機能は次のような内容である（**図表2-55**）。

変更点	変更点の機能
燃費を向上させるための開口面積拡大	酸素を取り入れやすくする ⇒結果、着火ミスが低減する

図表2-55　変更点・機能の内容

機能は、「酸素を取り入れやすくする」のため、この機能が実現できなくなるような故障状態を検討する。

仮に綿やホコリのような異物が混入してしまうと必要な酸素量を取り入れることができなくなり、着火ミスに繋がる。その結果、燃費が低下し、本来の性能（点火回数4000回）が発揮できなくなる恐れがある。読者の皆さんも経験はないだろうか。ポケットの中にライターを入れていると、ポケットの中の綿やホコリが着火部分に混入してしまうことが頻繁に発生している（**図表2-56**）。

変更点	変更点の機能	故障モード （機能の喪失）
燃費を向上させるための開口面積拡大	酸素を取り入れやすくする ⇒結果、着火ミスが低減する	開口部分から異物が混入する

図表2-56　変更点・機能と故障モードの関係

B：心配事項の原因追究

心配事項の原因追及に関しては、先ほど列挙した故障モードの使われ方を考えた上で原因を検討していく。ここでも故障モードと同じように、ただやみくもに原因を追求すればいいわけではない。故障状態を想定し、どのように使用されるとその故障状態に至るのか、ライターの使用環境をしっかりと検討する必要がある。100円ライターであれば、異物が最も入りやすい環境は、「ポケット」だろう。もしくはカバンに入れておいても同じ状況が発生する可能性がある。使用環境を検討したら、その故障状態が「なぜ発生するのか」、流用元の変更点から発生の原因を追究していく（**図表2-57**）。

変更点	変更点の機能	故障モード（機能の喪失）	心配事項の原因追究
燃費を向上させるための開口面積拡大	酸素を取り入れやすくする⇒結果、着火ミスが低減する	開口部分から異物が混入する	開口部があることにより、異物が混入しやすくなる（流用元にはない）

図表2-57　変更点・機能・故障モードと心配事項の関係

100円ライターの事例を考えると、開口部を作ったことで異物が流用元よりも入りやすくなっている。着火性能を向上させるための背反事項である。

C：顧客への影響

その故障モードが発生すると顧客にどのような不都合が発生するのかを検討していく。顧客の立場になって考えなければならない。特に性能が低下するだけではあれば問題ない（商品としては問題がある）が、顧客がケガなどをしてしまう場合を想定し、影響を考えなければならない（**図表2-58**）。

故障モード（機能の喪失）	心配事項の原因追究	顧客への影響
開口部分から異物が混入する	開口部がある（流用元は無し）ことにより、異物が混入しやすくなる	・異物により着火できない ・異物に着火し、最悪の場合、出火する

図表2-58　故障モード・心配事項と顧客への影響の関係

影響が着火できないことだけであれば、目標性能が未達に終わるだけであるため、異物発生の頻度によっては対策なしという選択も可能だろう。しかし異物に着火し出火してしまうと、通常上に向かって炎が伸びるところ開口部分から炎が出て、顧客が火傷をしてしまう可能性がある。このような場合、異物混入の頻度に関わらず、必ず対策しなければならない。

D：心配点を取り除くための設計検討内容

顧客への影響を考えた場合の設計での対応策を検討する。ここでは対応策を1つに絞り込むのではなく、できるだけ多くのアイデアを出し、DRなどで対応策を絞りながら、最も効果が高く、コストが安いアイデアを選択してほしい。

E：DR（Design Review）

DRでは、さまざまな内容を確認する必要があるが、その1つがDRBFMの検証である。先ほど心配点を取り除くために検討した内容の中で複数の選択肢がある場合、設計者の考えや想いを確認しながら、最終的な方向性を決定する。

100円ライターの場合でいうと、**図表2-59**の記載にあるように頻度が少なく、顧客のケガに繋がらない故障であれば、顧客自身にメンテナンスをしてもらってもいいが、今回の変更の場合は顧客がケガをする可能性があるため、メンテナンスのような対応策では不十分である。よって、今回の対策は「金属メッシュを追加する」ことに決定する（**図表2-60**）。

F：設計への反映、評価への反映

現時点では基本設計を実施する前段階であるため、基本設計にインプットする内容を具体化する。各部品の検討、検証については、詳細設計で実施するため、基本設計段階ではあくまでもDRBFMで検討した設計内容が実現可能かどうかを検討するにとどめる。このように設計にインプットする内容を具体化し、DRBFMに記載する（**図表2-61**）。

故障モード （機能の喪失）	心配点を取り除くための設計検討内容
開口部分から 異物が混入する	・異物がある場合、ガスの周りの酸素が少なく、着火できない。 ・異物が入った場合、金属カバーを取り外し、メンテナンスするよう顧客に注意を促す説明文を追加する。 ・大きい異物が入らないように金属メッシュを追加する。

図表2-59　故障モードと設計検討内容の関係

新たに金属メッシュを追加した図面

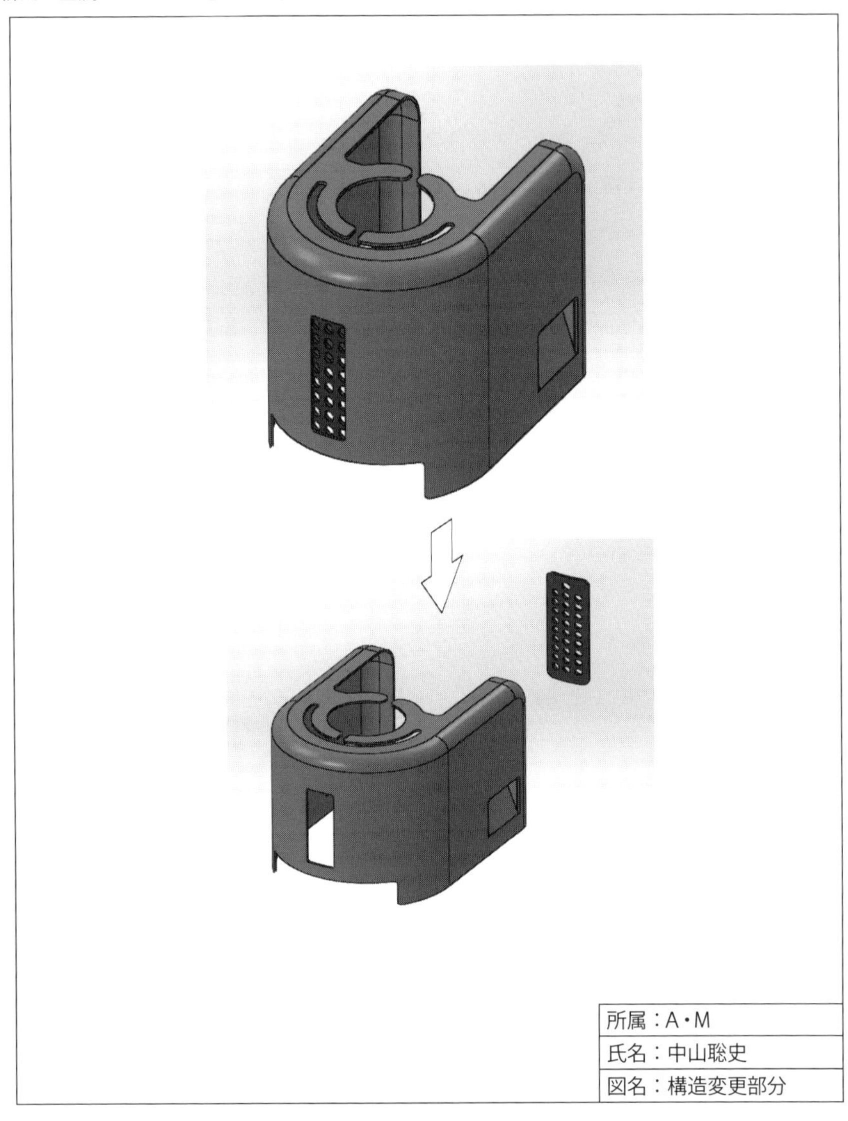

図表2-60　金属メッシュ構造の3Dモデル

心配点を取り除くための設計検討内容	設計への反映、評価への反映
大きい異物が入らないように金属メッシュを追加する	基本設計段階 ・開口部に金属メッシュが取り付けられるかどうかを3Dモデルで検証する ・金属メッシュを取り付けた場合、異物混入の可能性がないかどうか確認する 詳細設計段階 ・開口部に最小限の金属メッシュを取りつける ・金属メッシュの大きさ・材質を決定する ・金属メッシュでの耐久性を評価で確認する

図表2-61　設計検討内容と設計インプット内容の関係

ポイント4：基本（構想）設計DR

基本（構想）設計DRは、顧客や市場からの要求に対して、基本設計で検討した設計ストーリーが正しいかを検証する段階である（DRの基本的な進め方は第3章で詳しく解説する）。DRで検証するべき内容は**図表2-62**のポイントとなる。

上記のような点に注目してDRを実施していく。問題点を抽出するだけで終了するのは本来のDRではない。問題点を抽出し、対応策を議論することが本来のDRである。たとえば、先ほど説明したDRBFMの内容では、心配点を取り除くための設計検討内容について、対応策の決定を設計者に丸投げするのではなく、DR参加者全員で検討してほしい。

「大きい異物が入らないように金属メッシュを追加する」ことを設計者が決めたとしても、その内容でよいのかどうかをDRで判断する。今回の100円ライターの開発で言えば、この着火性に関わる部分は商品性や差別化といった観点で非常に重要な点であり、今後の販売数量にも大きく影響する部分である。その部分の責任を設計者に押し付けてはいけない。DR全体で方向性を明確にしてほしい（**図表2-63**）。

ポイント5：基本設計検図（構想検図）・出図

①基本設計検図（構想検図）

この段階での検図は主に3Dモデルでの検証となる。2D図面でも検証が可能だ

基本（構想）設計DRのポイント

①QFD
- 設計目標値に問題がないか（必達目標、努力目標がともに設定できているか）
- 競合他社との機能・性能の差別化ができているか

②設計仕様書
- 設計方針が正しいか（顧客や市場からの要求と整合性が取れているか）
- 使用するべき技術内容に問題がないか

③流用元の選択
- 適切な流用元を選択できているか
- 流用元で発生している不具合やクレームがないか

④変化点管理
- 変更点・変化点の洗い出しが正しく行われているか
- 市場での特異な使われ方が想定されているか

⑤DRBFM
- 他にも列挙するべき故障モードはないか
- 設計での対応策に問題がないか
- 設計での対応策で正しい選択肢を設定できているか

⑥新規ユニット構想図
- 3DCADで構想内容を確認する

図表2-62　基本（構想）設計DRのポイント

故障モード （機能の喪失）	心配点を取り除くための設計検討内容
開口部分から異物が混入する	・異物がある場合、ガスの周りの酸素が少なく、着火できない。 ・異物が入った場合、金属カバーを取り外し、メンテナンスするよう顧客に注意を促す説明文を追加する。 ・大きい異物が入らないように金属メッシュを追加する。

図表2-63　故障モードと設計検討内容の関係

が、全体的なレイアウトや各ユニットの構成など製品全体を検図することになるため、3Dモデルでの検証の方が精度は向上する。では、検図をどのようにして実施していくのだろうか。ただ単に3Dモデルを眺めて、間違い探しをしているようでは、検図とは言えない。検図の方法としては、今回の設計ストーリーや根拠となる資料を確認した上で、図面が合っているかどうか確認する必要がある。私はそのやり方を「左手に資料を持って、右手に図面を持つ」と定義している。

右手に持っている図面を検証する場合に、その図面を検証するための資料（≒設計の根拠）がないとそもそも検証できないハズだ。しっかりと検図するための資料を準備し、図面を確認してほしい（**会話2-26**）。

検図を進めるポイントとしては、下記のようになる（**図表2-64**）。特に検図するべきポイントは、変更点・変化点のユニットである。**図表2-65**の新カバーの部分であれば、酸素を取り込みやすいように開口部をあけることと、金属メッシュを追加する内容が新しい設計部分である。その部分と設計仕様書との整合が図れているか（着火性など）、また金属メッシュが開口部全体を覆うことができているかなどを確認していく。この際に左手には設計仕様書や構想設計書などを準備し、その内容を確認しながら3Dモデルを確認していく。また、DRで議論し、新たな問題を抽出したのであれば、その対応策についても検図で最終確認を行う。

②出図

出図する場合には、図面だけではなく、変化点管理の資料、DRBFMなども提出する必要がある。主な提出先は製造部門だが、協力会社が製造する場合には、購買部門にも提出する必要がある。

会話2-26

とりあえず3Dモデルが完成したので、
出図するために検図に回そう
設計くん

ちょっと待つんだ！ 図面だけ出しても検図できんぞ！ 検図には「左手に持つ」ための資料が必要で、図面と一緒に提出しなければならん
プロセスマン

基本設計検図（構想検図）のポイント

・設計仕様書の設計方針と図面が合致しているか
・目標性能、目標品質が確保可能な図面になっているか
・過去の流用部分の品質が確保できているか
　⇒市場不具合を対策した内容が織り込まれているか
・新規設計部分の設計内容を確認する
・レイアウトに無理がないか
・ユニット、アセンブリ間の干渉はないか

図表2-64　基本設計検図（構想検図）のポイント

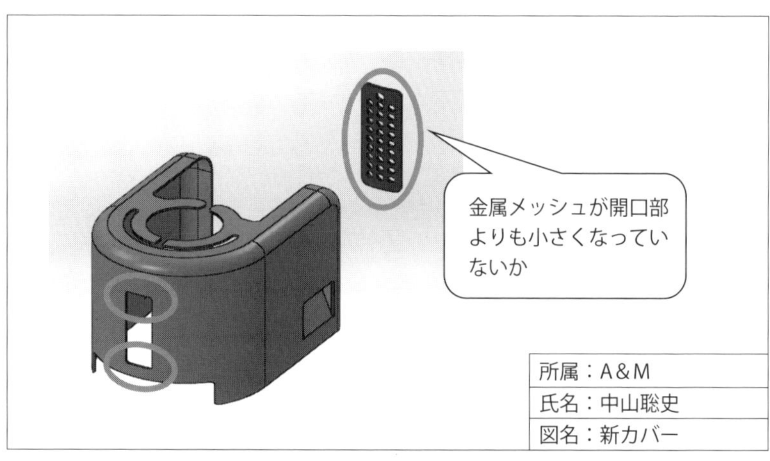

図表2-65　金属メッシュありの新カバー形状

詳細設計に入る前に構想図面の段階で提出する目的は、製造関係へ先に情報を提供しておくことにより、新製品製造の準備を早い段階から実施してもらうことにある。情報を提供し、新しい製品に対する製造ラインや工程を先に検討してもらっておく。このようにコンカレントに工程を進めることにより、いち早く商品を顧客に届けることが可能となる（**会話2-27**）。

会話2-27

構想図面って出図する必要あります？設計部門内のアウトプット資料として保存していただけなんですけどね
設計くん

構想図面を設計部門内だけのアウトプットにしてしまうともったいないぞ。製造関係の部門にも情報提供することにより、早く製造移管することが可能となるのだ
プロセスマン

4）詳細設計

ポイント1：変化点の抽出と部品図展開・設計計算

詳細設計を流れにそって見ていこう（**図表2-66**）。詳細設計で最初に実施すべき業務は、変化点管理である。DRや検図で新たな変化点が抽出された可能性があるだけではなく、他の設計部門の変更の影響により、自身が担当している設計領域に影響がないかを確認する必要がある。この影響確認のツールを「影響マトリクス」と私は呼んでいる。影響マトリクスは、変更した部品がどの設計部門に影響があるのかを確認するための表である。

100円ライターのような部品点数が少ない製品の場合は、3Dモデルのみで変更の影響確認が可能だが、自動車のような部品点数の多い製品の場合は、3Dモデルや設計者の経験のみでは、変更の影響を見極めるのは難しい。そのために影響マトリクスのようなツールを使い、変更に対する影響を視える化していく必要がある。エンジン設計における影響マトリクスを作成したので、これをもとに解説する（**図表2-67**）。

たとえば、クランクシャフトを変更した場合に影響する設計ユニットは、エン

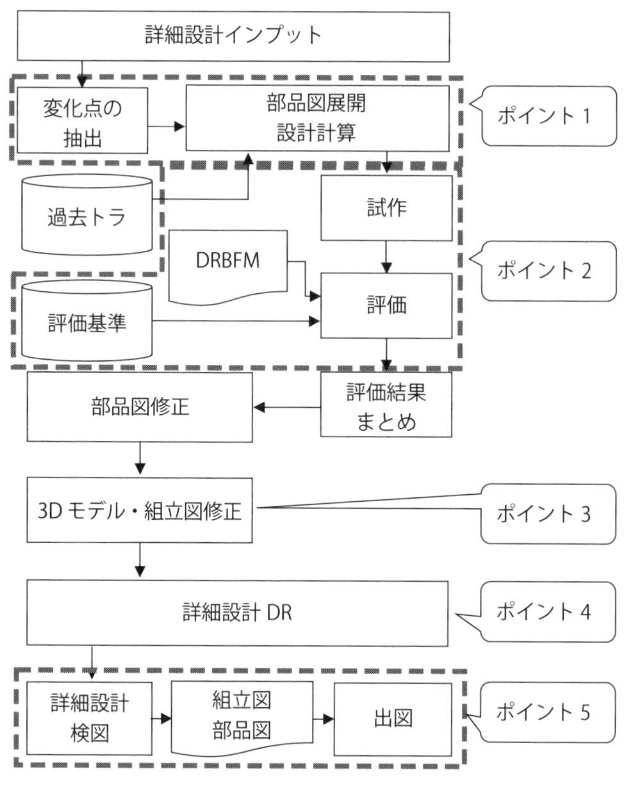

図表 2-66　詳細設計プロセス

	機構系設計	燃料系設計	点火系設計	本体設計	吸気系設計	排気系設計
クランク	―			○		○
カム	―			○		○
ピストン	―			○		○
コンロッド	―			○		○
バルブ	―			○		○
INJ		―	○	○	○	○
配管		―	○			
プラグ			―	○		
配線			―			

図表 2-67　影響マトリクス

ジン本体ユニット、排気系ユニットである。変更内容によっては他ユニットにも影響を与える可能性があるが、標準的に影響するユニットの内容を記載しておく。設計者は縦軸に並んでいる部品から影響するユニットを抽出し、影響を確認する。影響がある場合には、影響するユニットの設計変更を検討していく。このように部品点数の多い製品の場合は、設計変更による影響漏れを無くすためにも「影響マトリクス」のような仕組みは必須である。影響マトリクスを元に変化点の抽出を再度実施し、部品図を作成していく。

100円ライターで再度変化点の抽出を行ってみよう（**図表2-68**）。④の金属メッシュを新たな変化点として追加した。金属メッシュは①の燃費を向上させるために開口面積を拡大する背反事項として、DRBFMで抽出した内容であり、この内容を元にDRで議論し、金属メッシュの追加が決定した。金属メッシュの3Dモデルは基本設計段階で完成しており、他の部品とのクリアランス数値や干渉もチェックしているため、あとは部品図に展開するのみとなる。

それでは、新しいカバーの部品図を見てもらおう（**図表2-69**）。新しいカバーで気をつけなければならない点は、開口面積である。また、燃費を向上させるために最も燃費の良い流用元を選択しているが、カバー自体の形状を変更しなくても良いかどうか確認しなければならない。変更に対しての影響を含めた上でまず

視点	変更点・変化点内容
設計の変更点・変化点	①燃費を向上させるための開口面積拡大 ②燃料を一定に噴射する機構の採用 ③燃料調整機構の削除 ④金属メッシュの追加
使用環境、条件の変更点・変化点	①CR機能対応のために下記のポイントを検討 ・点火ギアのはめあい公差を小さくし、回りにくくする ・点火ギアを押し下げる機構を追加する（押し下げないと発火石に接触しない）
材料の変更点・変化点	特に変更なし
製造工程の変更点・変化点	①金属カバー製造工程の変更 ②組立工程の変更

図表2-68　変更点・変化点管理シート

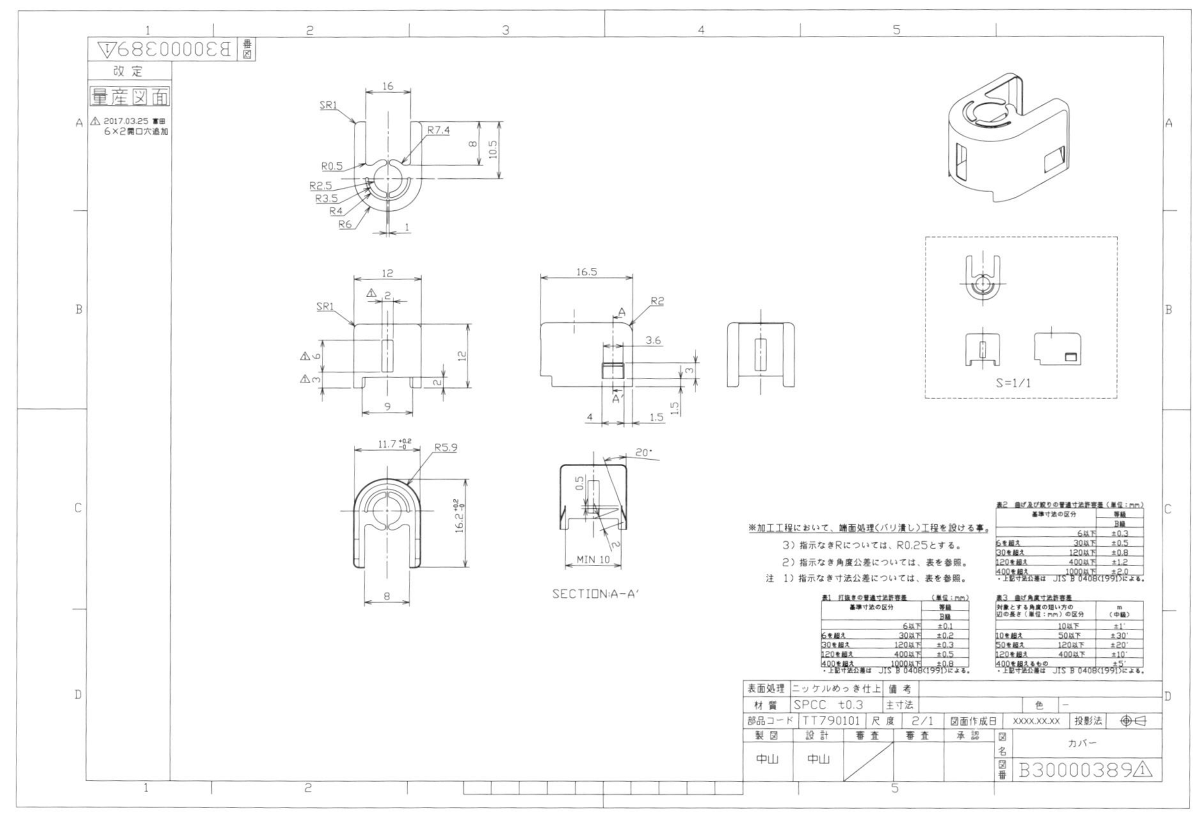

図表2-69　新カバーの部品図

は現状の状態（構想設計での案）で部品図の作成を行う。変化点管理を元に全ての部品図の作成が完了したら、試作に進んでいく。

ポイント2：試作評価と評価基準

この段階では、部品図が試作に出図され、試作品が完成する。その試作品を元に評価を行う。評価を行う際に重要なポイントは、評価基準とDRBFMの内容である。評価基準については、評価を行う前に決めなければならない。評価基準については、各企業で評価項目と評価基準がまとまっているノウハウ書のようなデータベースがあると、設計者による評価の内容や結果にバラツキが生じにくい。また、評価内容についてはDRBFMからも抽出しなければならない。DRBFMの評価で確認する項目を列挙しているため、その内容も含めて評価項目や内容を検討しなければならない。

それでは100円ライターの試作内容を確認してみよう。今回の開発では、点火回数4000回を目標としており、燃料は2g（流用元のガスケースをそのまま使用するため）となっている。評価方法は下記のようにする。

評価内容の評価基準

評価回数：点火回数100回
⇒4000回は時間がかかるため、短縮して評価する
評価内容：点火後、1分の間隔をあけ再点火する
⇒連続点火ではなく、通常の点火状態を模擬するため、1分の間隔をあける
評価温度：外気温0℃、10℃、25℃、40℃の4パターンにて評価
⇒使用される環境を想定し、評価する

今回のように、目標点火回数は4000回だが、実際に4000回実施するのではなく、100回の実施で4000回相当の点火回数を想定するような工夫が必要である。このような加速試験を行う場合には、通常の使用環境よりも厳しい条件にて実施しなければならない。また、通常の評価よりも厳しくする場合の技術的根拠も必要となるため、過去の評価結果や評価内容を蓄積していく必要がある。

では、試作での評価結果を確認してみよう。試作品のみではなく、他のライターカバーも合わせて評価を実施する（**図表2-70**）。構想設計時の想定通り開口面積を拡大することにより、点火回数が増加した。

構想設計で検討した開口面積では、目標回数が未達の結果になってしまったが、開口面積をさらに拡大した試作品②により、目標を達成することができた。この場合注意が必要なのは、試作評価結果により、当初の開口面積ではなくなった点である。試作品の図面としては試作品①の図面しか作成しておらず、試作評価を実施しながら、試作品を改造したとする。その改造を図面に反映しないまま出図してしまう場合が少なくない。この評価結果より、開口面積を拡大した事実を評価結果の資料に書き残しておかなければならない。

カバー種類	写真	評価結果
目標	－	燃料0.05gで約100回着火可能。
試作品②		燃料0.05gで105回着火可能 ⇒目標達成
金属カバー①		燃料0.05gで60回着火可能 ⇒開口面積拡大しすぎによる着火不良発生
金属カバー②		燃料0.05gで80回着火可能 ⇒開口面積拡大量が小さいことにより、着火性能微増
試作品①		燃料0.05gで95回着火可能。 ⇒開口面積拡大量が試作品より小さく、着火回数未達

図表2-70　点火回数評価結果一覧（下から順に評価を実施）

ポイント3：3Dモデル・組立図修正

①積み上げ公差の考え方

評価結果を全て反映させて、3Dモデル、組立図を修正していく。公差を含めて詳細な設計内容を決定していく上で積み上げ公差に注意してほしい。単純に公差の最大値、最小値を足し合わせていくだけではレイアウト上成立しない場合がある（干渉してしまうなどの問題が発生する）。このような場合に次のような内容をぜひ検討してほしい。部品Ａと部品Ｂの積み上げ公差を考えてみよう（**図表2-71**）。

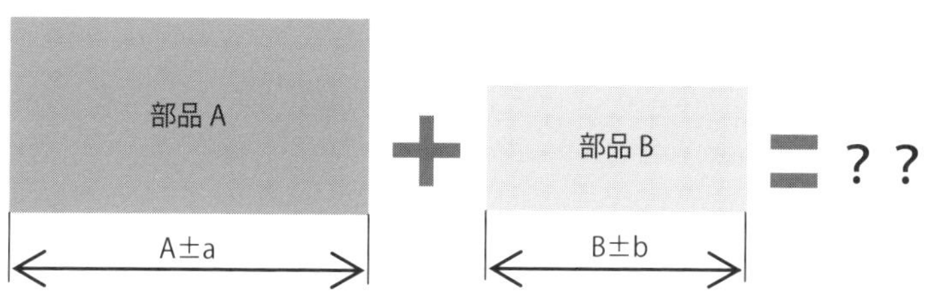

部品 A：寸法 A［mm］、公差 a［mm］
部品 B：寸法 B［mm］、公差 b［mm］

図表2-71 積み上げ公差

A. 単純積算法

〈計算式〉
部品Ａ＋部品Ｂ＝Ａ＋Ｂ±(a＋b)［mm］

統計的なばらつきが検討できない場合に用いる手法である。最悪のケースで公差を検討しておけば、不良品になる確率は限りなく低くなる。しかし、先ほど解説したようにレイアウト上成立しない場合が多い。また、量産品の場合、部品Ａと部品Ｂの公差最大同士、最低同士が組み合わせられる確率がどれだけあるかを考えると、その確率は限りなく低い（**図表2-72**）。

B：2乗和法

〈計算式〉
部品Ａ＋部品Ｂ＝Ａ＋Ｂ±$\sqrt{(a^2+b^2)}$［mm］

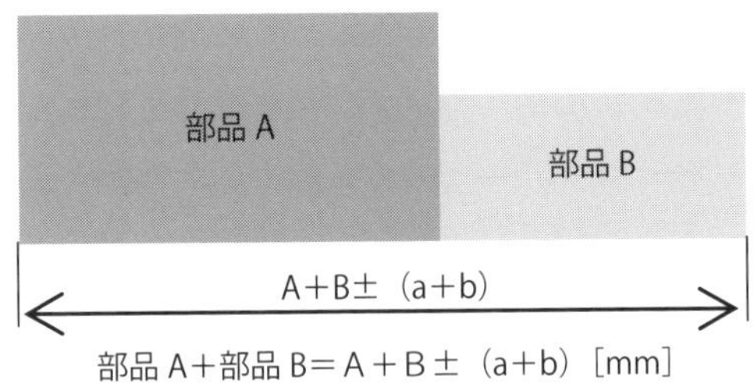

図表2-72　単純積算法

量産品など、統計的なばらつきが考えられる場合に用いる。ただし、統計的なばらつきで平均±3σのようにある一定のばらつき内に収まることを前提としているため、一定量の不良は発生する（**図表2-73**）。

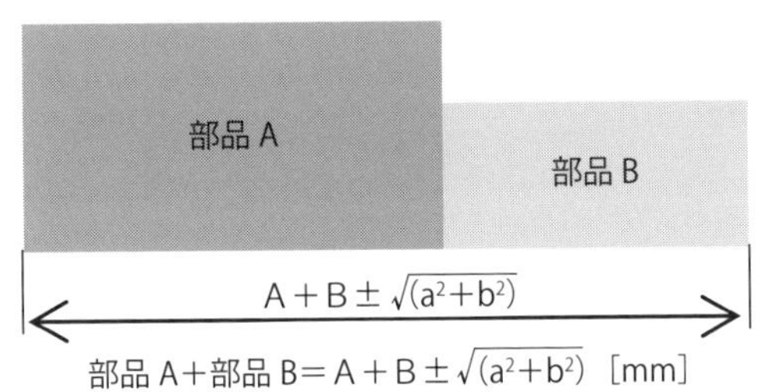

図表2-73　2乗和法

C：単純積算法と2乗和法の比較

単純積算法と2乗和法を比較すると、公差は次のようになる。

> 単純積算法【$A+B\pm(a+b)$】＞2乗和【$A+B\pm\sqrt{(a^2+b^2)}$】
>
> A＝10mm　B＝5mm　a＝0.2mm　b＝0.1mmとすると、
> 単純積算法【15±0.3mm】＞2乗和【15±0.22mm】
> となる。

2乗和法の方が積み上げ公差は小さくなり、各ユニットのレイアウト上で成立しやすくなる。また、現実的に量産品の公差が発生する確率を考えると妥当な公差寸法になっていると推測できる。さらに考えると、単純積算法でレイアウトが成立している場合においては、各部品の公差寸法が小さすぎる可能性がある。

【15±0.3mm】となるように各公差を設定し、2乗和で計算すると次のような結果となる。

A＝10mm　B＝5mm　a＝0.25mm　b＝0.15mm
2乗和【15±0.29mm】

この公差寸法で先ほどの「a＝0.2mm　b＝0.1mm」の単純積算法とほぼ同様の寸法に設定することが可能となる。各部品の公差を大きくすることが可能で、それぞれの加工コストの削減が実現できる。すなわち、量産品にも関わらず、ばらつきの正規分布を検討せず、単純積算法を用いると“ムダ”に加工コストが高くなる可能性がある。

このように2つの部品の公差を考えるだけでコスト削減が可能となる。過去のやり方で「この公差にしているから」ではなく、あらためて公差を見直してみてほしい。

②製造部門関係からの要求内容確認

フロントローディングと並んで重要な点がコンカレントエンジニアリングである。機能的に成立する図面（目標が達成可能な設計内容）が完成したとしても製造できなければ意味がなくなってしまう。機能設計だけではなく、生産設計についても詳細設計段階で検討しておかなければならない（構想設計時点で生産設計内容を検討することができればよりコンカレントエンジニアリングが可能だが、構想設計段階で生産設計の内容を検討するのは、設計者の負荷を考えると難しい場合が多い）。試作品の評価が完了し、各部品の設計がおおよそ完了した時点で、3Dモデル、組立図、部品図を製造部門に提出し、組み立てにくい点や加工しにくい点がないかどうか確認する。また、生産技術部門で製造ラインを設計している場合においては、製造ラインを変更もしくは追加しなければならないかどうかの検討もしなければならない。

100円ライターで考えてみよう。ライターの点火モジュール関係で組み付けにくい部品として、カバーがある。**図表2-74**のカバーを確認してほしい。

○を付けてある部分の「かえし」により、アダプターに固定しているが、この「かえし」の部分が硬いと組み付けにくくなってしまう。「かえし」の高さが短いため、硬くなってしまっており、製造ラインで作業者が苦労している。また、顧客にとってもメンテナンス時（綿やホコリが混入など）に「かえし」が硬すぎると外した後に取りつけにくい可能性があり、改善する必要がある。このように変更点や変化点以外の部分でも製造部門からの要求をヒアリングし、生産設計と設計に反映していく必要がある。

その要求を確認し、図面に反映させることが可能なのか（目標性能や品質に影響を与えないかどうか）を確認し、図面を修正していく。100円ライターの場合であれば、「かえし」の高さを大きくするだけであるため、目標性能に影響を与えることはないが、どこまで大きくすると硬くなくなるのかの評価は必要になってくる。試作品を改造しながら、適切な寸法を設定していく必要がある。

また、製造部門からの要求により、部品を変更しなければならない場合にも変化点管理に追記し、誰でも変化点がすぐに分かる状態にしておいてほしい。

ポイント4：詳細設計DR

詳細設計DRでは、詳細設計で検討してきた設計内容について議論していく。特に検討しなければならないのは、設計の変更点や変化点についてのリスクの部分である。

DRで検証するべき内容は**図表2-75**のポイントとなる。ここに記載したポイントに気をつけてDRを実施していく。構想設計DRでも解説したが、問題点を

この「かえし」の部分が硬くて曲がりにくいから、アダプターにつけにくいんだよな〜

図表2-74　カバーとアダプター

詳細設計DRのポイント

①変化点管理と部品図
- 影響マトリクスで変更点の影響を確認できているか
- 詳細設計で追加された変化点管理の内容を確認し、抜け漏れがないか
- 変化点管理に基づいて部品図が作成されているか

②試作評価と結果
- 試作品は部品図と同様であるか
- 試作の評価内容が正しいか
- 試作の評価結果が目標を達成しているか、もしくは目標を達成する見込みがあるか
- 試作の評価基準が正しいか（過去の試作評価基準と比較）
- DRBFMで抽出した評価内容を実行しているか

③3Dモデルの確認
- 全体レイアウトに問題がないか
- 組立が可能な構造になっているか（生産技術や製造に確認）

④その他
- 仕様変更要求はないか、仕様変更があった場合正しく変更できているか
- 目標コストを達成できているか
- 先行的に発注しなければならない部品はないか（長納期品）
- 製造部門からの要求は反映できているか

図表2-75　詳細設計DRのポイント

抽出するだけで終了してはいけない。問題点を抽出し、対応策を議論することが本来のDRであるため、DR参加者は本来のDRの目的を常に共有しながら進めてほしい。今回の100円ライターであれば、DRの議論の中心は、試作評価での点火回数の部分である。試作評価結果を再度確認してみよう（**図表2-76**）。

評価内容の評価基準

評価回数：点火回数100回
　　　　　⇒4000回は時間がかかるため、短縮して評価する
評価内容：点火後、1分の間隔をあけ再点火する
　　　　　⇒連続点火ではなく、通常の点火状態を模擬するため、1分の間隔をあける
評価温度：外気温0℃、10℃、25℃、40℃の4パターンにて評価
　　　　　⇒使用される環境を想定し、評価する

カバー種類	写真	評価結果
目標	–	燃料0.05gで約100回着火可能。
試作品②		燃料0.05gで105回着火可能 ⇒目標達成
金属カバー①		燃料0.05gで60回着火可能 ⇒開口面積拡大しすぎによる着火不良発生
金属カバー②		燃料0.05gで80回着火可能 ⇒開口面積拡大量が小さいことにより、着火性能微増
試作品①		燃料0.05gで95回着火可能。 ⇒開口面積拡大量が試作品より小さく、着火回数未達

図表2-76　点火回数評価結果一覧（下から順に評価を実施）

外気温が低いと燃料が気化しにくく、着火しにくい可能性が考えられる。そのため、評価温度が最も厳しい0℃で評価した結果であり、通常の外気温であれば、より点火回数が多くなるだろう。このような評価が実施されているかを確認してほしい。仮に通常が外気温25℃のみでしか評価を実施していないのであれば、この100円ライターが保証している外気温0℃の時は点火性能を満たさない可能性があるため、評価条件を見直し、再度評価を実施しなければならない。こういった場合は、DRで外気温の評価が必要かを全員で議論し、評価の内容を決めた上でDRを終了してほしい。

ポイント5：詳細設計検図・出図

詳細設計検図では、主に組立図と部品図の検図になる。検図するべき内容は、変更点や変化点の部分だ。部品図を確認しながら最適な公差が設定されているかどうか確認してほしい。では、検図するポイントを**図表2-77**で確認していこう。特に、試作評価の結果や製造部門からの要求によって、設計の内容を変更しなければならなくなった点について確認してほしい（**図表2-78**）。100円ライターのカバーの部品図で**図表2-79**のような図面を作成した場合、どのような点が間違っているのか考えてみよう。

詳細設計検図のポイント

・設計仕様書の設計方針と図面が合致しているか
・試作評価の結果が反映できているか
・過去の流用部分の品質が確保できているか
⇒市場不具合を対策した内容が織り込まれているか
・部品間の干渉がないか
・公差は正しく設定できているか（公差の基準などから外れていないか）
・組立性は考慮されているか（製造部門の要求が反映されているか）

図表2-77　詳細設計検図のポイント

視点	変更点・変化点内容
設計の変更点・変化点	①燃費を向上させるための開口面積拡大 ②燃料を一定に噴射する機構の採用 ③燃料調整機構の削除 ④金属メッシュの追加 ⑤カバーのかえし部分の寸法変更（製造部門からの要求）
使用環境、条件の変更点・変化点	①CR機能対応のために下記のポイントを検討 ・点火ギアのはめあい公差を小さくし、回りにくくする ・点火ギアを押し下げる機構を追加する（押し下げないと発火石に接触しない）
材料の変更点・変化点	特に変更なし
製造工程の変更点・変化点	①金属カバー製造工程の変更 ②組立工程の変更

図表2-78　変更点・変化点管理シート

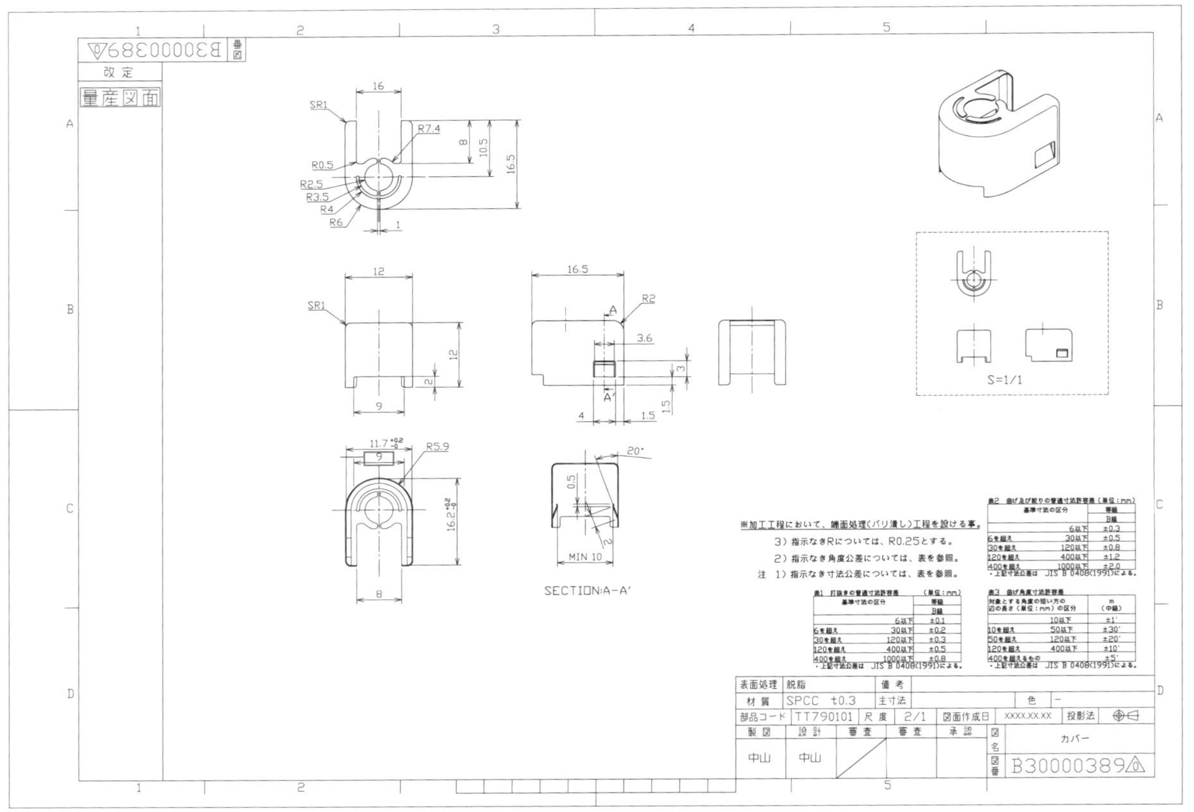

図表2-79 カバーの間違い図面

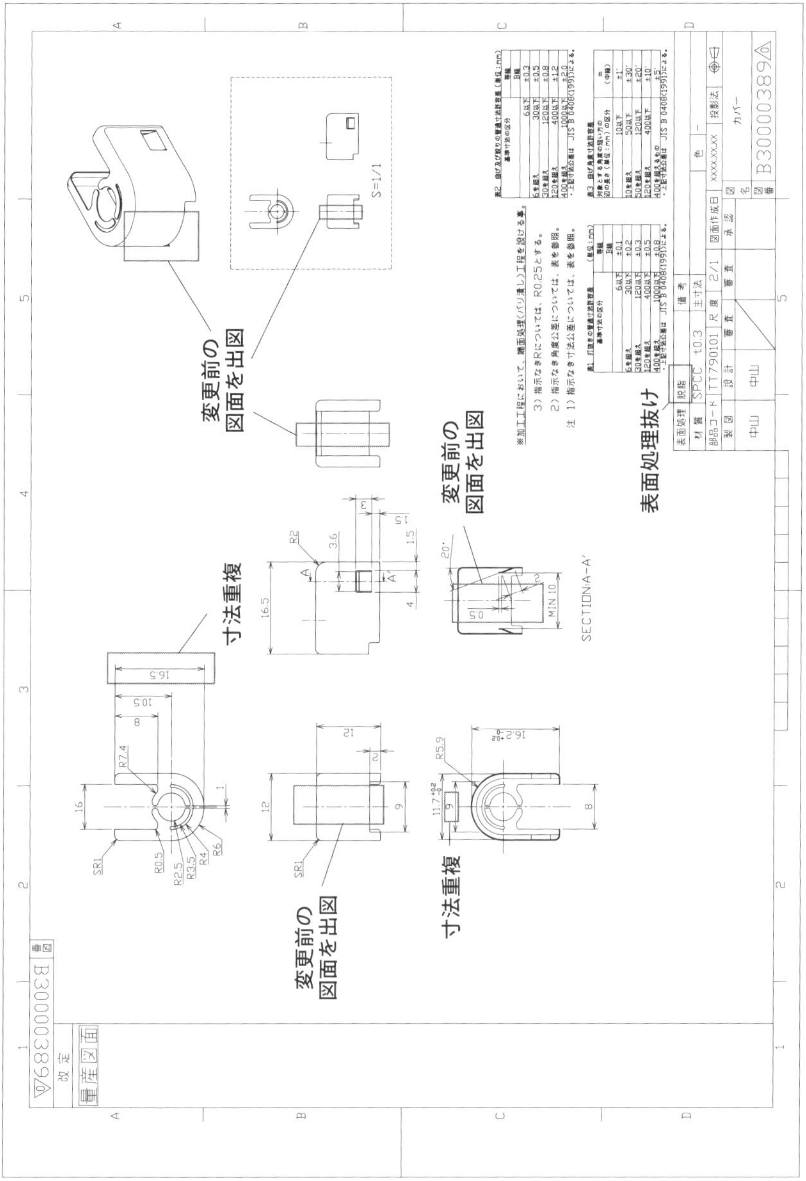

B30000389△0

改定

量産図面

寸法重複

変更前の
図面を出図

変更前の
図面を出図

寸法重複

変更前の
図面を出図

S=1/1

SECTION:A-A'

表面処理抜け

※加工工程において、端面処理（バリ潰し）工程を設ける事。

3）指示なきRについては、R0.25とする。

2）指示なき角度公差については、表を参照。

注 1）指示なき寸法公差については、表を参照。

表1 打抜きの普通寸法許容差 （単位：mm）

基準寸法の区分		等級 B級
	6以下	±0.1
6を超え	30以下	±0.2
30を超え	120以下	±0.3
120を超え	400以下	±0.5
400を超え	1000以下	±0.8

・上記寸法公差は JIS B 0408(1991)による。

表2 曲げ及び絞りの普通寸法許容差（単位：mm）

基準寸法の区分		等級 B級
	6以下	±0.3
6を超え	30以下	±0.5
30を超え	120以下	±0.8
120を超え	400以下	±1.2
400を超え	1000以下	±2.0

・上記寸法公差は JIS B 0408(1991)による。

表3 曲げ角度寸法許容差

対象とする角度の短い方の辺の長さ（単位：mm）の区分		m（中級）
	10以下	±1°
10を超え	50以下	±30'
50を超え	120以下	±20'
120を超え	400以下	±10'
400を超えるもの		±5'

・上記寸法公差は JIS B 0408(1991)による。

表面処理	脱脂	備考			
材質	SPCC t0.3	主寸法		色	－
部品コード	TT790101	尺度 2/1	図面作成日 XXXX.XX.XX	投影法	
製図 中山	設計 中山	審査	審査	承認	図名 カバー / 図番 B30000389△0

図表2-80 カバーの間違い指摘図面（朱書き）

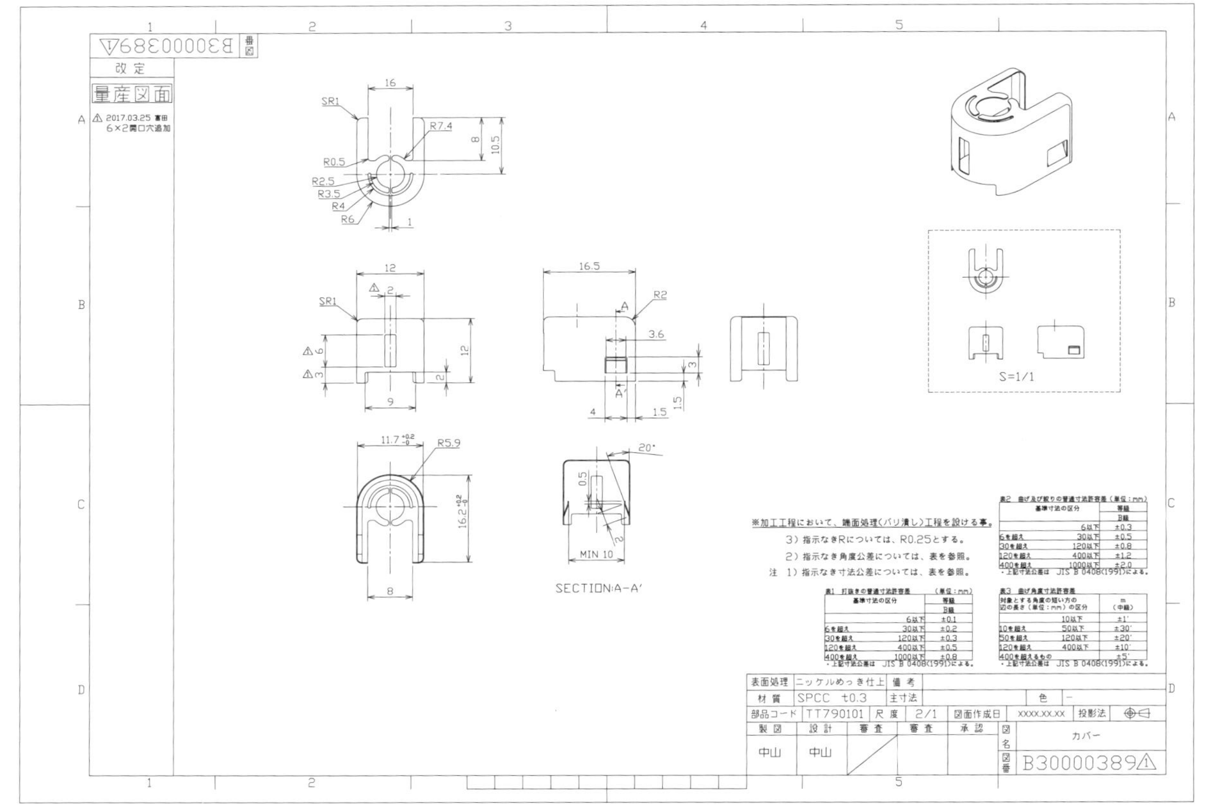
量産図面
2017.03.25 6×2開口穴追加
SECTION:A-A'
S=1/1
※加工工程において、端面処理（バリ潰し）工程を設ける事。
3）指示なきRについては、R0.25とする。
2）指示なき角度公差については、表を参照。
注 1）指示なき寸法公差については、表を参照。
表面処理 ニッケルめっき仕上
材質 SPCC t0.3
部品コード TT790101
尺度 2/1
投影法
製図 中山
設計 中山
カバー
B30000389

図表2-81 正解図面

図表2-79の図面には、次のような間違いが見られる（**図表2-80**）。

①1つ目の間違い【機能設計の視点】

金属カバーの空気取込口が開口していない。構想設計の最終段階のDRBFMで、空気取込口を空けること、金属メッシュを追加することが決まったにも関わらず、変更前の図面を出図してしまっている。

複雑な製品（たとえば、自動車など）は、複数の設計者で設計するため、構想設計の設計者と詳細設計の設計者が異なる場合がある。そのような場合に起こりやすいミスである。さらには、検図者も構想設計の内容を知らない場合、図面だけで検図すると変更になった部分である開口などを見逃す可能性が高い。この場合は、変化点管理シートやDRBFMを確認しながら検図すると間違いなく、機能設計的な間違いに気付ける。

②2つ目の間違い【生産設計の視点】

表面処理がされていない。材質は鉄のため、100円ライターのデザインを考えた場合、メッキ処理する必要がある。設計仕様書にも「質感」が重要であると記載されているにもかかわらず、その内容をきちんと確認できていない。

③3つ目の間違い【生産設計の視点】

寸法の表記が必要の無い部分まで表記されている。間違いではないが、JISの基準から考えた場合に、記載する必要がない。また、製造側が見にくい図面になってしまう恐れがあるため、重複する寸法の表記は不要である。

これらの間違いを修正したものが**図表2-81**である。

5）量産設計

量産設計プロセスは詳細設計プロセスとほぼ同様だが、詳細設計段階では検討していなかった顧客による製品の取り扱い方法の検討や、製造段階で確認しなければならない機能寸法などを検討していく（**図表2-82**）。

ポイント1：変化点の抽出と量産図作成

量産設計で最初に実施するべき業務も詳細設計と同様に変化点管理である。詳

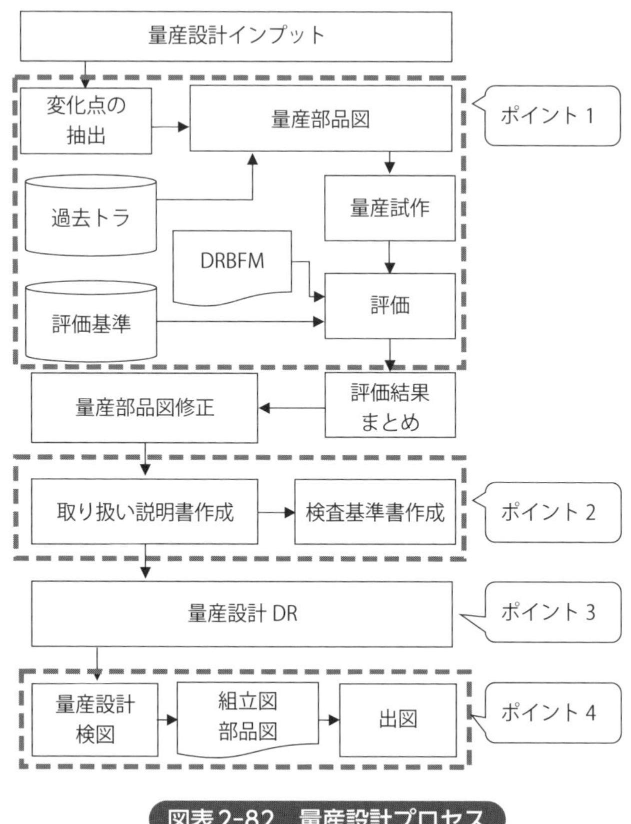

図表2-82　量産設計プロセス

細設計段階で新たに抽出された変更点や出図時点で見つかったミスも含めて確認していく。

①製造工程の変更による設計への影響確認

変更点・変化点管理シートの中で抽出している「①金属カバー製造工程の変更、②組立工程の変更」により、設計内容を変更しなければならないかどうかを確認しなければならない（**図表2-83**）。特に公差やバラツキに関しては、設定した公差で問題がないか量産試作にて最終的に確認は行うが、量産図面を作成する段階でどのようなバラツキになる可能性があるかを検討しなければならない。積み上げ公差の時の部品Aの公差を再度検証してみよう。量産試作品を製造し、ばらつきを検証すると**図表2-84**のような頻度分布となる。

視点	変更点・変化点内容
設計の変更点・変化点	①燃費を向上させるための開口面積拡大 ②燃料を一定に噴射する機構の採用 ③燃料調整機構の削除 ④金属メッシュの追加 ⑤カバーのかえし部分の寸法変更（製造部門からの要求）
使用環境、条件の変更点・変化点	①CR機能対応のために下記のポイントを検討 ・点火ギアのはめあい公差を小さくし、回りにくくする ・点火ギアを押し下げる機構を追加する（押し下げないと発火石に接触しない）
材料の変更点・変化点	特に変更なし
製造工程の変更点・変化点	①金属カバー製造工程の変更 ②組立工程の変更

図表2-83　変更点・変化点管理シート

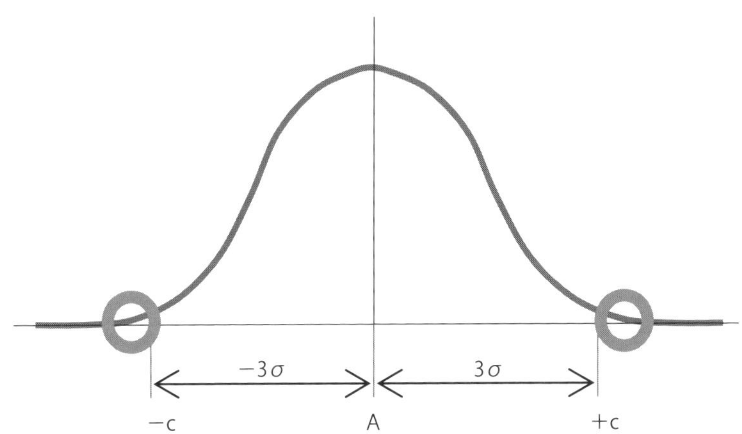

量産試作品で製造ばらつきを頻度分布で表した場合、○の部分が不良品となる。
➡公差を平均 ±3σで設定した場合は、99.73%の範囲となるため、0.26%だけ不良品が発生する。

図表2-84　量産設計プロセス

この結果から、部品ばらつきで平均±3σの公差は、c［mm］となった（a［mm］では、3σ以上の4σとなった。不良が減少するが、そこまで公差を広げてしまうと他の部品と干渉する可能性がある）。そのため、公差をc［mm］に変更する。この時に他の部品に影響がないか調査する必要がある。

②試作品と量産試作品の違いを検証

試作品段階では、本来の製造工程では製作せず、試作品を1つずつ製造している。そのため、試作品では考えられなかった影響が量産試作品で発生する可能性があるので、注意が必要だ。たとえば、エージング試験のような内容である。エージング試験では、製品が実際に使用される環境などを模擬し、一定時間放置することで本来の性能が発揮されるかどうかを確認する。試作品の場合は幾度となく評価を行っているため、評価を行いながらエージングが完了していることが多いが、量産試作品や量産品になると全く使用していない製品となるため、目標品質や性能が低下する場合がある。そうならないためにもエージング試験の必要性を検討し、製造部門と情報を共有する必要がある。

100円ライターで考えてみよう。**図表2-85**の心棒のような部品は注意が必要だ。液体燃料がまったく付いていない心棒の場合、液体燃料が心棒に馴染まずノズルまで燃料が吸いあがらない可能性がある。100円ライターをすぐに使用する場合には、心棒に燃料を十分に含ませた上で出荷する必要があるだろう（ただし、実際のところは輸送され店頭に並んでいる間に、心棒に十分燃料が含まれる可能性があるため、エージングの必要性はないかもしれない）。

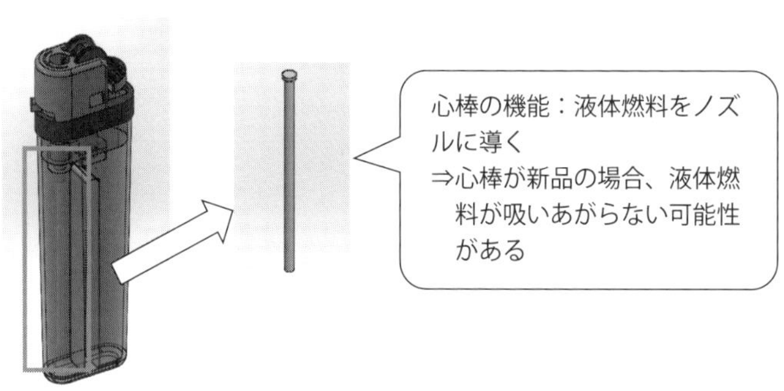

心棒の機能：液体燃料をノズルに導く
⇒心棒が新品の場合、液体燃料が吸いあがらない可能性がある

図表2-85　心棒

ポイント2：取り扱い説明書と検査基準書

①取り扱い説明書

100円ライターの場合、梱包せずにライターのみで販売するため、取り扱いの注意書き、製造物責任法（PL法）などについてライター自身に明記する必要がある（家電製品などの場合、梱包し、取り扱い説明書に上記の内容を記載する）。注意書きの内容について検討する。

注意書き例

1. 子供から遠ざけること
2. 顔および衣類から離して点火すること
3. 可燃性高圧ガスが入っています
4. 50℃以上の高温または長時間の日光には絶対にさらさないこと
5. 孔をあけたり、または火中に投入することは絶対にしないこと
6. 使用の都度、火炎の完全消火を確認すること
7. 30秒以上火をつけたままにしないこと

上記の内容をライターのどこに明記するかを検討する。ちなみに、100円ライターの場合、どの製品も本体に明記されている。

このように、梱包、取り扱い説明書について生産設計で検討するため、その内

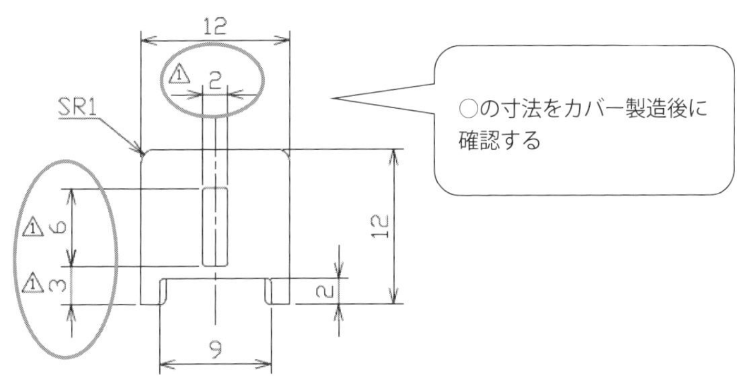

図表2-86　カバー開口部寸法の確認

容が図面に落とし込まれているか確認していく。

②検査基準書

検査基準書は、設計部門から製造工程内で確認してほしい内容を明記し、検査基準書としてまとめたものである。設計として機能や性能を維持するのに重要な寸法や内容を基準値として設定し、確認する。特に、機能や性能に関する部分を製造部門で抽出できずに検査をしないままであると、初期不良が発生してしまう恐れがある。100円ライターでは、目標点火回数に直結するカバーの開口部寸法だろう。バラツキにより、寸法が小さい場合は性能が低下する可能性があるため、しっかりと開口部の寸法を検査し、目標性能を満たせる状況を確認しなければならない（**図表2-86**）。

ポイント3：量産設計DR

量産設計DRでは、量産設計と量産試作で検討した生産性について議論していく。特に新しい部品の加工工程や工程が変化した部分などを検討していく。今回は設計開発プロセスの紹介であるため、設計内容に着眼した量産設計DRのポイントを解説していく（**図表2-87**）。

量産設計DRのポイント

①変化点管理と量産図
・量産設計で追加された変化点管理の内容を確認し、抜け漏れがないか
・公差、バラツキの根拠が明確になっているか
②量産試作評価と結果
・量産試作品での性能、品質評価は問題ないか
・設計で設定した公差に対して、量産バラツキは十分か
・DRBFMで抽出した評価内容を実行しているか
③取り扱い説明書
・顧客の使い方は十分に把握できているか、またその記載があるか
・PL法などの法律は十分に調査されているか、またその記載があるか
・顧客の特異な使用方法を考え、使用禁止事項に記載されているか
④検査基準書
・検査内容が妥当であるか
・検査基準値に根拠があるか
・検査基準値をクリアした製品で性能・品質に問題がないか

図表2-87　量産設計DRのポイント

ポイント4：量産設計検図・出図

量産図面は設計部門から出図する最後の図面であり、この図面に間違いがあると製造段階で大きな手戻りに繋がってしまうため、慎重に検図しなければならない。量産設計検図での検図ポイントを解説しよう。**図表2-88**のようなポイントに従い、検図していく。特に量産設計のインプット段階でも確認した変更点・変化点に対して図面が正しく変更されているか、変更された結果、他の部品などに影響がないかを確認することが重要である。

量産設計検図のポイント

①3Dモデル・組立図
・部品間の干渉はないか
・組立図と部品図の整合性は取れているか
・部品交換が可能なスペースがあるか
・組み立てが容易であるか（生産技術に確認してもらう）
・公差が正しいか
・量産試作評価の結果（ばらつきなど）が反映されているか
②部品図
・量産試作のばらつきは考慮されているか
・加工の形状に矛盾はないか
・加工が容易であるか（生産技術に確認してもらう）
・材料の選定は適切か
・表面粗さの指示記号は記入されているか
・溶接の指示記号は記入されているか
・焼き入れ位置の指示はされているか
③図面の描き方に対する内容
・指示記号に誤記がないか
・図面の配置は適切になっているか
・断面図は適切な面に設定されているか
・中心線は入っているか
・用途によって正しい線を使っているか
・部品番号が記入されているか
・寸法は記入されているか（抜け漏れがないか）
・設変した場合、改訂番号が記入されているか
・図面作成のための標準書ルールに沿って記載されているか

図表2-88　量産設計検図のポイント

第2章まとめ【製品設計重点主義の新設計プロセス】

1. 問題を先送りするプロセスとは

問題を先送りするプロセスとは、「工程の後ろ側で負荷がかかること」である。製造段階で設計者がいつまでも図面修正や構造・機構修正のための検討に時間をかけていてはいけない。時間のない中で検討した設計内容は市場に出てから問題が発生する可能性が高くなる。結果、設計品質の低下を招くことになる。

また、問題を先送りし、製造工程で問題が発生してしまうことにより、次の開発案件への着手も遅れる。結果、その開発でも問題が先送りになってしまい、前案件と同様に製造段階で問題が発生してしまう。問題を先送りし、製造段階で問題が発生しないようフロントローディング化を図る必要がある。

2. フロントローディングとコンカレントエンジニアリング

1) フロントローディング

フロントローディングは「工程の前側で負荷をかける」ことであり、様々な仕掛けを実行することにより、問題の未然防止が可能となる。フロントローディングはあくまでも現象や事象であるため、様々な仕掛けを実行していくプロセスを構築する必要がある。

2) コンカレントエンジニアリング

フロントローディングを実行するためにコンカレントエンジニアリングはかかせない。設計部門から購買部門、生産技術部門、製造部門へバトンタッチしながら図面を修正していくのではなく、設計開発プロセスの段階で後工程である「モノ造り」の内容も反映し、プロセスを進めていく。バトンタッチでの設計開発プロセスに比べ数段早く課題を解決でき、フロントローディングが実現できる。

3. 設計プロセスのあるべき姿

1) 設計の基本原理

設計の役割は、顧客の要求する最高の「機能・方式・仕様」を最低のコストで製作可能とすることであり、この内容を実現するために「機能設計視点」と「生産設計視点」で設計を進めなければならない。また、設計部門のみでの実現は難しく、営業・企画部門、品質保証部門、購買部門、製造部門と連携を取りながら設計を進めていく。設計者は設計思想を持つことはもちろんのこと、他の部門との連携を実現していくために高度なマネジメント能力が要求される。

2) 設計インプット段階

設計インプット段階は受注生産と見込（量産）生産で異なり、それぞれのプロセスを設定していく。

(1) 受注生産でのインプット段階

受注生産企業で設計にインプットするためには、下記のポイントでプロセスを進めていかなければならない。

①要求仕様と仕様モジュール

②流用元の選定・カスタマイズ領域検討・概略構想設計

③見積書

④受注DR

顧客から入手した要求仕様書のみを設計者にインプットするのではなく、設計者と連携しながら概略の設計を進めていき、カスタマイズ領域を明確にしなければならない。

(2) 見込生産でのインプット段階

見込生産企業で設計インプットするためには、下記のポイントでプロセスを進めていかなければならない。

①商品・技術ロードマップ

②商品企画書

③流用元の選定と変化点管理、概略構想の検討

④企画DR

受注生産企業と同様に商品企画書から設計をするための概略を検討しながら、カスタマイズ領域を明確にしなければならない。また、受注生産と異なるのは、どのような顧客が商品を使用されるか分からない（ターゲット顧客を選定する）ため、顧客の特異な使用環境や使用方法にも着目し、カスタマイズ内容を明確にしなければならない。

3）基本（構想）設計段階

基本（構想）設計段階は、設計インプット内容から設計の進め方を具体的にしていきながら、目標性能・品質が達成可能な構造を決定していく段階である。

(1) 受注・企画の背景内容確認会
(2) 目標品質設定【QFD】と設計方針【設計仕様書】
(3) 流用元の設定、カスタマイズ領域の検討、DRBFM
(4) 基本（構想）設計DR
(5) 基本設計検図（構想検図）・出図

商品企画書から目標品質をさらに具体化していかなければ、製品の全体構成を決定することは難しく、各ユニットなどに目標値を設定していくことが必要になってくる。また、その内容から大きな設計の方針を設定し、設計者による設計内容の差異が発生しないように、設計者を導いていかなければならない。

4）詳細設計段階

基本（構想）設計にて製品全体の構成やレイアウトが決定されているため、各部品における検討を進めていく。

(1) 変化点の抽出と部品図展開・設計計算
(2) 試作評価と評価基準
(3) 3Dモデル・組立図修正
(4) 詳細設計DR
(5) 詳細設計検図・出図

各部品が保有するべき機能を明確にしながら設計を進めていく。試作品を作成し、目標性能・品質が達成可能かどうかを確認し、商品性を検証していく。

5）量産設計段階

詳細設計にて各部品の設計が完了し、目標性能・品質も達成可能な見込みであれば、実際の量産ラインで製造した製品の最終確認を行う。

（1）変化点の抽出と量産図作成

（2）取り扱い説明書と検査基準書

（3）量産設計DR

（4）量産設計検図・出図

試作時とは異なる結果が発生する場合があり、量産工程での部品のバラツキなどを検証しながら、目標性能・品質が達成可能な対応策を設計部門と製造部門全員で検討していく。

■全体プロセスまとめ

フロントローディングを実現するために、設計インプット段階や基本（構想）設計段階で検討するべき内容が多い。すぐに図面を作成したいところだが、設計検証をじっくり行い、手戻りがない状態にしてから図面作成にとりかかろう。

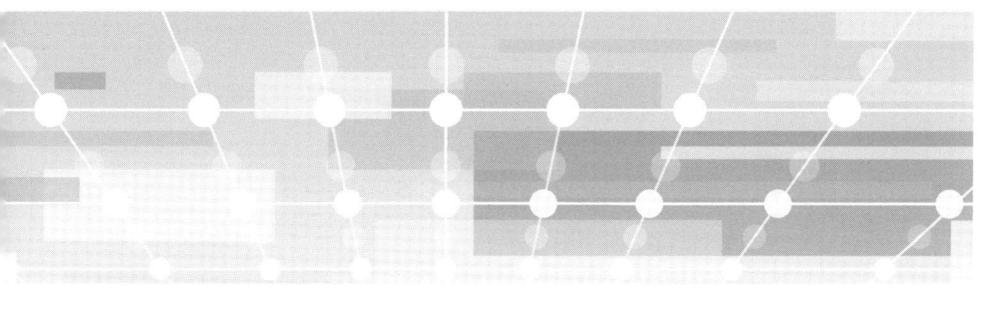

第3章

今、必要な品質ツールの具体的使用方法

4つの設計品質ツールが重要なわけ

本章で解説する4つの設計品質ツールは、最近生み出されたものではなく、以前から製造業の設計開発部門で使用されてきたツールである。筆者が重要な設計品質ツールとして定義している4つのツールとは下記の内容である。

①変化点管理
②DRBFM（Design Review Based of Failure Mode）
③DR（Design Review）
④検図

これら4つの設計品質ツールは、他の設計品質ツールよりも今の設計手法（流用設計）における「問題の未然防止」の実現可能性が最も高く、設計開発プロセスに組み込む必要がある。しかし本来、設計開発プロセスにおいて重要であるにもかかわらず、フロントローディングに寄与できていない。また、設計品質ツールが生み出された当初の目的を達成できていないツールでもある。これらの設計品質ツールは、設計者の「重荷」になっているのが現実ではないだろうか。また、「イベントごと」になってしまっていたり、ドキュメントを作成するのみに留まっていないだろうか（**会話3-1**）。

上記のような悩みを抱えている企業が多い。これではせっかくの設計品質ツールも工数のムダになってしまい、本来の目的である「問題の未然防止」に繋がらない。このような現状を打破するために問題の未然防止＝フロントローディングを実現させるためのツールとして再構築し、設計品質を高めていってほしい。

第2章で解説した設計開発プロセスに、この4つの設計品質ツールは全て含まれており、実際に100円ライターを設計開発しながら、ツールの使い方も解説している。本章では、それぞれの設計品質ツールに焦点を当て、具体的な使い方や手順、事例を解説し、フロントローディングプロセスの構築に役立ててほしい。

会話3-1

設計が終わってから作成する資料ってすごく多いんですよね～。余計な工数がかかってしまっていますよ

設計くん

設計品質ツールの資料は設計が終了してから作成するものではない！ 設計をする前に検討し、対応策を入れて行かなければならないのだ

プロセスマン

2 4つの設計品質ツールのつながり

4つの設計品質ツールは、1つ1つが単発で完了するものではなく、4つ全てにつながりがある。そのため、連携しながら設計品質ツールを適切に使用しなければならない。4つのうち、最初に実施しなければならないのが、「①変化点管理」である。この変化点管理が他3つの設計品質ツールのインプットとなり、設計開発プロセスを進めながら、設計品質ツールを使用していくことになる。そのイメージを**図表3-1**に示したので確認してほしい。

設計品質ツールの使用手順としては、先ほど解説したように「①変化点管理」を行い、流用元の選定、流用元からのカスタマイズ領域の内容を確認しながら、4つの視点「設計変更点の視点」「使用領域・環境の視点」「材料の視点」「製造工程の視点」にてさらに変更点・変化点を深堀りしていく。では、①の変化点管理から見ていこう。

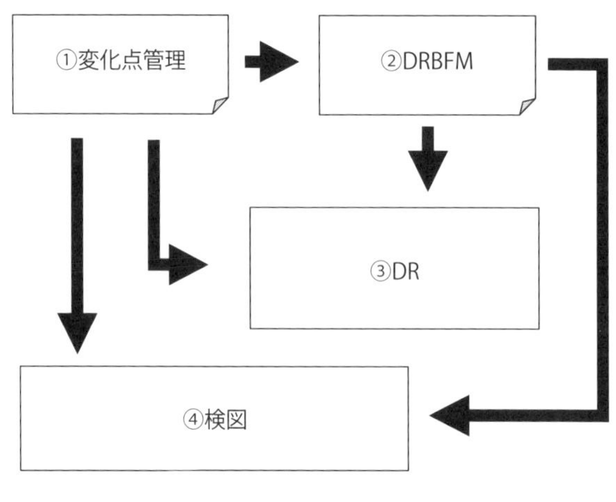

図表3-1　4つの設計品質ツールのつながり

1）変化点管理

(1) 変化点管理とは

設計方法の主流は、「流用設計」である。新製品を創出する際でも過去製品の一部（コアな部分）を流用し、改良開発により設計開発を進めている。設計の初期段階で正しい流用元を選定し、カスタマイズ領域を明確化しておくことにより、変更の抜け漏れが無くなり手戻りが減少する。このプロセスを設計者に丸投げするのではなく、設計開発プロセスに組み込み、設計チーム全員で変化点の内容を確認してほしい。それでは「変化点管理の定義」を確認していこう。

変化点管理の定義
流用元を選定し、その流用元から「何を変えなければならないのか（変更点）」、また「外部環境の変化はどのような内容か（変化点）」を検討すること。

私は、変化点管理として、「変更点と変化点」の両方が含まれていると定義している。では、実際にどのように変化点管理を進めていくのかを確認していこう。

(2) 変化点管理プロセス

変化点管理の手順は次のようになる（**図表3-2**）。

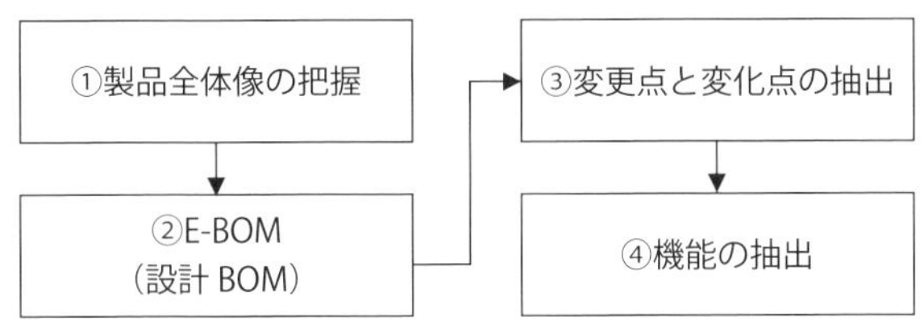

図表3-2　変化点管理の手順

①製品全体像の把握

まずは開発案件の内容を確認し、流用するべき製品を決定していくことが必要である。流用元の製品を選択するためには、過去の製品をよく調査しながら、仕様内容を確認し、要求されている機能や性能が達成可能な見込みがあるかどうか、カスタマイズ領域が最小限になるかどうか、のような視点で製品を選定する必要がある。具体的に検討するべき内容を、第2章で検討した100円ライターで確認してみよう（**図表3-3**）。

流用元の設定と設定根拠
<u>開発目的</u> 100円ライターの従来の概念を覆す、圧倒的な能力を持つ差別化商品を市場に投入する
<u>流用元の設定</u> 100円ライターAを流用元に選定する
<u>流用元の設定根拠</u> ・他の製品に比べると基本機能・性能が最も優れており、大きな構造的な変更が発生しないため ・モジュール化されており、過去の不具合含めて全て解決できている ・変更しなければならない領域が明確に設定可能と推測でき、設計変更の負荷も最小限に留めることが可能 ※ただし、性能部分については大幅に向上しなければならないため、試作時点での評価が必要となる（着火性能、燃費の大幅向上が必要となる）

図表3-3　流用元の設定と設定根拠

このように流用の選択根拠を明確にしておくことで、設計者は安心して流用することが可能になると同時に、今回の開発製品を次に流用する際、元々どのような製品を流用し、どのようなカスタマイズ領域なのかが把握できる。そして、新たに適切なカスタマイズ領域を設定することが可能となる。

②E-BOM（設計BOM）の確認

流用元の選定が完了したら、流用元のE-BOM（設計BOM）を確認しよう。E-BOMを確認しながら、カスタマイズしなければならないユニットやアセンブリを明確に設定していく。それでは今回の100円ライターAのE-BOMを確認し、カスタマイズ部分を想定してみよう。

図表3-4のようにE-BOMを確認しながら、カスタマイズする可能性のある領域を設定していこう。今回解説している100円ライターであれば、着火性能向上、燃費向上の必要性があるため、着火モジュール、ガス噴射モジュールの部品を変更しながら、目標を設定するように進めていく必要がある。

③変更点と変化点の抽出

変更点と変化点の抽出の視点は4つある。

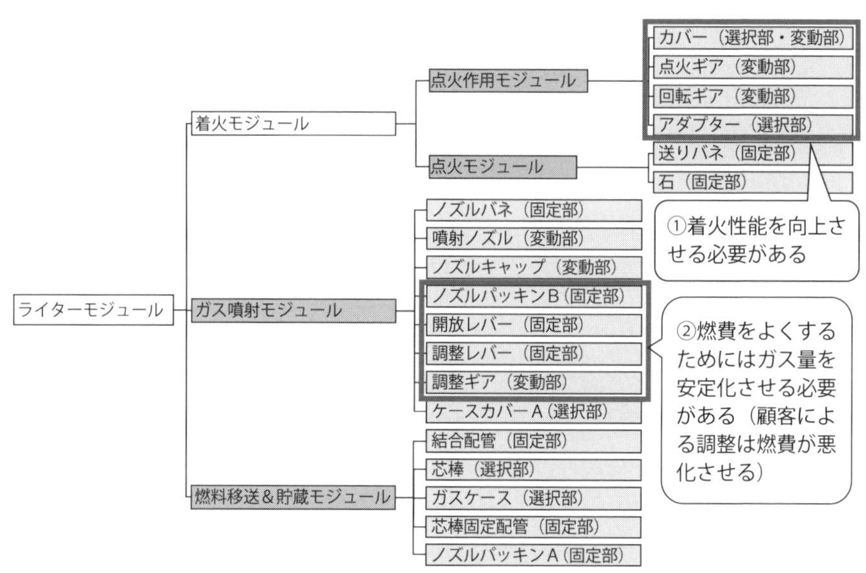

図表3-4　100円ライターAのE-BOM

・「設計」の変更点・変化点の視点
・「使用環境、条件」の変更点・変化点の視点
・「材料」の変更点・変化点の視点
・「製造工程」の変更点・変化点の視点

では、具体的に100円ライターの内容を確認しながら抽出しなければならない点についておさらいしていこう（**図表3-5**）。

	視点	変更点・変化点内容
A	設計の変更点・変化点	①燃費を向上させるための開口面積拡大 ②燃料を一定に噴射する機構の採用 ③燃料調整機構の削除
B	使用環境、条件の変更点・変化点	①CR機能対応のために下記のポイントを検討 ・点火ギアのはめあい公差を小さくし、回りにくくする ・点火ギアを押し下げる機構を追加する（押し下げないと発火石に接触しない）
C	材料の変更点・変化点	特に変更なし
D	製造工程の変更点・変化点	①金属カバー製造工程の変更 ②組立工程の変更

図表3-5　変更点・変化点管理シート

A：設計の変更点・変化点の視点

ここは、設計者の頭の中にある内容を整理するだけだろう。しかし、変更点だけでなく変化点（他からの影響によって変更せざるを得なくなった部分）についてもしっかりと押さえておいてほしい。自動車の開発でいえば、エンジン設計についての変化点は、トランスミッション設計やボディ設計、シャシー設計など関わりがある設計における変更点によって、エンジン設計に影響があった場合に変化点として記載しなければならない。たとえば、トランスミッションのギア比の変更がされた場合にエンジン設計としては、最高速度などに影響が発生する。その変更が受け入れられるのかどうかも含めて検討しなければならない。

100円ライターの場合は図表3-5のようになる。設計の変更点は、概略構想から検討してきている内容のため、すぐに記載が可能である。

B：使用環境、条件の変更点・変化点の視点

この視点では、製品が使用される環境・条件が変わった場合の変更点・変化点について記載する。たとえば、日本のみで販売していた製品を海外にも展開するような場合である。この時に注意しなければならないのは、使用する顧客が変わると使われ方も変わるかもしれない点である。その国独特の文化や風土に合わせて使われる製品については、しっかりと使われ方を見極めていかなければならない。また、法規などが変わった場合も同様だ。販売する国の法規動向をしっかりと把握し、対応しなければならない。

100円ライターで確認していくと、基本設計プロセスに入るまで検討していなかったCR機能についてのみ検討が必要である。CR機能についての方針は、「コストアップなきこと」であるため、構造の大幅な変更などはできない。その方針に従い、CR機能の変更点を検討した結果が下記の2つの内容である（**図表3-6、3-7**）。

使用環境、条件の変更点・変化点視点

・点火ギアのはめあい公差を小さくし、回りにくくする（図表3-6、3-7）

・点火ギアを押し下げる機構を追加（押し下げないと発火石に接触しない）

CR機能への対応については、試作し、評価してみなければ分からないが、構造を変更せずとも対応が可能なのが「回転ギアのはめあい公差を小さくし、回りにくくする」ことである。子供の力では回らない程度のはめあい公差を設定する

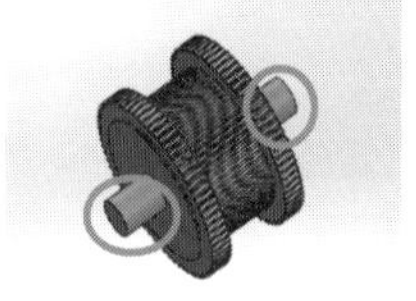

点火ギアのシャフトとアダプターのはめあい公差を小さくし、回りにくくする

図表3-6　点火ギア

図表3-7　アダプター

ことが可能であれば、ほぼコストアップせずに対応が可能である。

C、D：材料・製造工程の変更点・変化点の視点

ＡとＢを受けて、材質を変更しなければならない点や構造や部品追加によって変更しなければならない製造工程を抽出する。製造工程の変更点・変化点については、設計者が全ての組立や加工の情報を持ち合わせているわけではないため、製造部門にヒアリングを行い、正しい変更点・変化点を抽出する必要がある。

100円ライターの場合は、「金属カバー製造工程の変更」と「組立工程の変更」が考えられるため、あらかじめ変更点・変化点に抽出しておく（**図表3-8**）。

④**機能の抽出**

機能を抽出する目的は、DRBFMの故障モードを抽出する際に必要になる内容であるためだ。変更点・変化点となっている対象の部品の機能を抽出していこう。機能の考え方については第2章を確認してほしい。それぞれの変更点・変化点について検討していこう。先ほどの変更点・変化点シートの横に機能を記載していく。

視点	変更点・変化点内容	機能
設計の変更点・変化点	①燃費を向上させるための開口面積拡大 ②燃料を一定に噴射する機構の採用 ③燃料調整機構の削除	①酸素を取り込みやすくする ②使用燃料量の安定化 （③は機能を削除するため記載なし）
使用環境、条件の変更点・変化点	①CR機能対応のために下記のポイントを検討 ・点火ギアのはめあい公差を小さくし、回りにくくする ・点火ギアを押し下げる機構を追加する（押し下げないと発火石に接触しない）	①子供が操作できないようにする
材料の変更点・変化点	特に変更なし	なし
製造工程の変更点・変化点	①金属カバー製造工程の変更 ②組立工程の変更	（製造工程のため、機能は特になし）

この機能を抽出し、DRBFMに繋げていく。

図表3-8　変更点・変化点シートと機能一覧

2）DRBFM

(1) DRBFMとは

第2章でも解説しているが、再びDRBFMの定義から確認していこう。

DRBFM（Design Review Based on Failure Modes/トラブル未然防止活動）は設計の変更点や条件・環境の変化点に着眼した心配事項の事前検討を設計者が行い、さらにDRを通して、設計者が気付いていない心配事項を洗い出す手法のこと。この結果得られる改善などを設計・評価・製造部門へ反映することにより、問題の未然防止を図る。

FMEAと異なり、設計部門だけではなく、評価部門、製造部門での対策もDRで検討する。設計部門だけで全ての故障についての対策を考えるのは難しい。評価部門での確認、また製造部門での対応策も一緒に検討することにより、製品品質を向上させる必要がある。

FMEAと大きく異なる点が対応策のポイント。設計部門だけではなく、全社をあげて問題の未然防止を図ることが重要となる。

では、DRBFMの標準的な帳票を確認していこう。**図表3-9**に示す。

グレーになっている部分（他に心配点はないか、DRBFMの推奨する対応など）については、DRで設計担当者以外のメンバーから抽出した内容や、DRで議論した内容を記載していく。

(2) DRBFMの進め方

図表3-8で示したDRBFMワークシートを進めていく手順は、**図表3-10**のフローだ。

構成部品の確認、変更点・変化点への着眼は、変化点管理の仕組みの中で実施しているため省略し、故障モードを抽出する部分から検討を開始する。

それではこの手順に従って、100円ライターでのDRBFMを実施してみよう。

DRBFM	製品名（仕向け）		対象機種		対象工場		文書番号		承認	確認	作成
							作成日				
							更新日				
							版数				

No	部品	変更点（変更内容）	機能	変更に関わる心配点		心配点はどんな場合に生じるか			影響度	顧客への影響	優先度	心配点を取り除くためにどんな設計をしたか（設計遵守事項、チェックシートなど）	対策の具体的実現方法									対策結果（進捗・結果）
				変更がもたらす機能の喪失、商品性の欠如	他の心配点はないか（DRBFM）	頻度	原因・要因	他に考えるべき要因はないか（DRBFM）					基本設計	期限	担当	詳細設計	期限	担当	量産設計	期限	担当	
1																						
2																						
3																						
4																						
5																						
6																						
7																						
8																						

【更新履歴】

版数	更新年月日	更新内容	部門	氏名
△1				
△2				
△3				

【備考欄】

図表3-9　DRBFMワークシート

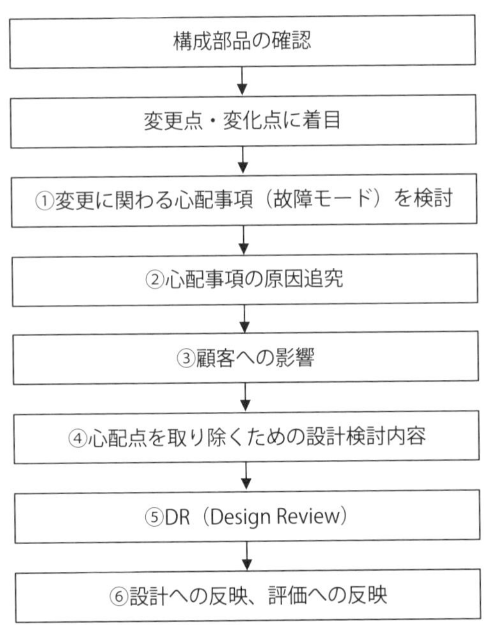

図表3-10　DRBFMの手順

①故障モードの抽出

設計の変更点・変化点を元にリスクである故障モードをあげていく（**図表3-11**）。

最初に列挙した「設計の変更点：①燃費を向上させるための開口面積拡大」での故障モードを検討してみよう。故障モードを検討するにあたっては、「機能の喪失や商品性の欠如」に繋がる故障モードを検討しなければならない。単に故障内容を列挙すればいいわけではない。よく間違って捉えられている部分だ。過去トラや設計者自身の過去の失敗経験から、機能や商品性には関係なく、故障モードを列挙し、対策を考えてしまうやり方をしてしまうことがよく見られる。

視点	変更点・変化点内容
設計の変更点・変化点	①燃費を向上させるための開口面積拡大 ②燃料を一定に噴射する機構の採用 ③燃料調整機構の削除

図表3-11　変化点管理

では、本来の抽出方法である「機能の喪失や商品性の欠如」に繋がる故障モードを考えてみよう。先ほどの100円ライターの変更点における機能は**図表3-12**のような内容である。

変更点	変更点の機能
燃費を向上させるための開口面積拡大	酸素を取り入れやすくする ⇒結果、着火ミスが低減する

図表3-12　変更点・機能の内容

機能は、「酸素を取り入れやすくする」ことであるため、この機能が実現できなくなるような故障状態を検討する（**図表3-13**）。

変更点	変更点の機能	故障モード（機能の喪失）
燃費を向上させるための開口面積拡大	酸素を取り入れやすくする ⇒結果、着火ミスが低減する	開口部分から異物が混入する

図表3-13　変更点・機能と故障モードの関係

仮に綿やホコリのような異物が混入してしまうと必要な酸素量を取り入れることができなくなり、着火ミスに繋がる。その結果、燃費が低下し、本来の性能（点火回数4000回）が発揮できなくなる恐れがある。この時の考え方としては、下記のような内容で検討していく。

・顧客の立場から考える
・使用環境条件を考え、材料から形状、製造工程へと要因を検討する
・バラツキの要因を検討する
・機械的な要因だけではなく、化学的な要因も検討する
・温度は高温から低温まで、特に着氷、結露に注意する
・顧客の特異な使用方法についても議論する

顧客の使用環境や使い方が想定できていないと正しい故障モードを抽出することができない。100円ライターであれば、「ポケットに入れる」というのは想定しうる顧客の使用方法であるため、ポケットに入れた時にどのような故障が発生する可能性があるかを検討する。

②心配事項の原因追究

心配事項の原因追及に関しては、先ほど列挙した故障モードの使われ方を考えた上で原因を検討していく。ここでも故障モードと同じようにただやみくもに原因を追求すればいいわけではない。故障状態を想定し、どのように使用されれば、その故障状態に至るのかの使用環境をしっかりと検討する必要がある。

100円ライターであれば、異物が最も入りやすい環境は「ポケット」であり、ポケット内の綿やホコリが混入するだろう。あるいはカバンに入れておいても同じ状況が発生する可能性がある。その故障状態が「なぜ発生するのか」、流用元からの変更点から発生の原因を追究していく（**図表3-14**）。

変更点	変更点の機能	故障モード （機能の喪失）	心配事項の原因追究
燃費を向上させるための開口面積拡大	酸素を取り入れやすくする ⇒結果、着火ミスが低減する	開口部分から異物が混入する	開口部がある（流用元は無し）ことにより、異物が混入しやすくなる

図表3-14　変更点・機能・故障モードと心配事項の関係

100円ライターを考えると、開口部を作ったことで異物が流用元よりも入りやすくなっている。着火性能を向上させるための背反事項である。

③顧客への影響

その故障モードが発生すると顧客にどのような不都合が発生するのかを検討していく。顧客の立場になって考えなければならない。特に性能が低下するだけではあれば問題ない（商品としては問題がある）が、顧客がケガなどをしてしまう場合を想定し、影響を考えなければならない（**図表3-15**）。

故障モード（機能の喪失）	心配事項の原因追究	顧客への影響
開口部分から異物が混入する	開口部があることにより、異物が混入しやすくなる（流用元には無し）	・異物により着火できない ・異物に着火し、最悪の場合、出火する

図表3-15　故障モード・心配事項と顧客への影響の関係

着火できないのであれば、目標性能が未達に終わるだけのため、異物混入の発生の頻度が少なければ対策なしという選択も可能だろう。しかし、異物に着火し出火してしまうと通常上に向かって炎が伸びるところ、開口部分から炎が出て、顧客が火傷をしてしまう可能性がある。このような場合、異物混入の頻度に関わらず、必ず対策しなければならない。

④心配点を取り除くための設計検討内容

では、顧客への影響を考えた場合の設計での対応策を検討する。ここでは対応策を1つに絞り込むのではなく、できるだけ多くのアイデアを出し、DRなどで対応策を絞りながら、最も効果が高く、コストが安いアイデアを選択してほしい（**図表3-16**）。

故障モード（機能の喪失）	心配点を取り除くための設計検討内容
開口部分から異物が混入する	・異物がある場合、ガスの周りの酸素が少なく、着火できない。 ・異物が入った場合、金属カバーを取り外し、メンテナンスするよう顧客に注意を促す説明文を追加する。 ・大きい異物が入らないように金属メッシュを追加する。

図表3-16　故障モードと設計検討内容の関係

⑤DR（Design Review）

DRでは、さまざまな内容を確認する必要があるが、その1つがDRBFMの検証である。DRBFMでは対応策の中で複数の選択肢がある場合、設計者の考えや想いを確認しながら、最終的な方向性を決定した。100円ライターの場合であれば、頻度が少なく、顧客のケガに繋がらない故障であれば、顧客自身にメンテナンスをしてもらってもいいが、今回の変更の場合は顧客がケガをする可能性があるため、メンテナンスのような対応策では不十分であると判断した。よって、「金属メッシュを追加する」に決定する。

⑥設計への反映、評価への反映

各設計にインプットする内容を具体化する。各部品の検討、検証については、詳細設計で実施するため、基本設計段階ではあくまでもDRBFMで検討した設計内容が実現可能かどうかを検討するにとどめる。このように設計にインプットする内容を具体化し、DRBFMに記載する（**図表3-17**）。

心配点を取り除くための設計検討内容	設計への反映、評価への反映
大きい異物が入らないように金属メッシュを追加する	基本設計段階 ・開口部に金属メッシュが取り付けられるかどうかを3Dモデルで検証する ・金属メッシュでの異物混入の可能性がないかどうか確認する 詳細設計段階 ・開口部に最小限の金属メッシュを取りつける ・金属メッシュの大きさ・材質を決定する ・金属メッシュでの耐久性を評価で確認する

図表3-17　設計検討内容と設計インプット内容の関係

それでは、検討した全ての内容をまとめたワークシートを最後に確認してほしい。DRBFMの目的は問題の未然防止であるため、推奨する対応で設計・評価への反映方法を明確に決めなければならない。この内容を設計者に丸投げせず、DRでしっかりと議論し、明確な方向性を定めるようにしてほしい（**図表3-18**）。

変更点	機能	故障モード	心配事項の原因追及	顧客への影響	心配点を取り除くための設計内容	推奨する対応（DRで議論）設計・評価への反映
燃費を向上させるための開口面積拡大	酸素を取り入れやすくする	開口部分から異物が混入する	開口部があることにより、異物が混入しやすくなる（流用元には無し）	・異物により着火できない ・異物に着火し、最悪の場合、出火する	・異物がある場合、ガスの周りの酸素が少なく、着火できない。 ・異物が入った場合、金属カバーを取り外し、メンテナンスするよう顧客に注意を促す説明文を追加する。 ・大きい異物が入らないように金属メッシュを追加する。 ・開口部に金属メッシュが取り付けられるかどうかを3Dモデルで検証する	<u>基本設計段階</u> ・金属メッシュでの異物混入の可能性がないかどうか確認する <u>詳細設計段階</u> ・開口部に最小限の金属メッシュを取りつける ・金属メッシュの大きさ・材質を決定する ・金属メッシュでの耐久性を評価で確認する

図表3-18　100円ライターのDRBFM

3）DR

(1) DRとは

DRの定義を再度確認しておこう。

> 設計段階で性能、機能、信頼性、価格、納期などを考慮しながら設計内容について審査し、問題点を挙げ、改善を図るために用いられる手法。審査には営業、企画、設計、購買、製造などの各分野の専門家が参加する。

第2章でも説明したように、DRは「改善を図るために用いられる手法」である。また、その改善により、フロントローディングを実現させるためのツールなのだ。しかし、多くの企業のDRは、「設計内容の説明会」もしくは、「設計者を吊るしあげにする会」になってしまっている。これではフロントローディングの実現にはほど遠い。DRで問題点に対する改善策を積極的に議論する運営方法が必要になるのだ（**会話3-2**）。

会話3-2

DRって、設計内容をいろいろな方に指摘されるんですよねぇ。それはいいんですけど、対策を丸投げされるのが辛いです……

対策を丸投げでは、設計部門だけでは解決できない可能性もある。しっかりとレビュワー同士で対策を議論していく必要があるのだ

(2) DRの課題紹介

筆者がさまざまな企業に訪問し、DRのオブザーバーとして参加させてもらう中で課題と捉えた内容を下に示すので、確認してほしい。

①設計者が逃げ腰で、好ましくないムードになっている（余計な仕事をやらされることを恐れている）
②レビュワーが設計者を吊るしあげる、大声で否定的な意見を言う
③レビュワーや他の参加者は黙って聞くだけになっている
④部門間の利害対立の調整に終わってしまう
⑤問題点の掘り起し、整理が十分に行われない（レビュワーがレビューポイントを理解できない）
⑥説明会、開発苦心談に終始する（一方的なコミュニケーション）
⑦議論のための議論（本筋に関係ない論争）を重ねている
⑧結論を出さずにダラダラと、長い時間DRを行う
⑨議論した結果の対応策が実行されていない
⑩好ましくない事態、異常事態（リスク）を予測しない
⑪計画性が不足している（状況対応、出たとこ勝負になっている）
⑫DRの目的手法について全員の合意がない
⑬DR終了後にフィードバックをしない。フィードバックをしたとしてもそれによる反省や改善を重ねない

課題は13個ある。DRの内容を振り返って、合致するものをチェックしてみてほしい。チェックの数を合計し、DRがどのような雰囲気になっているのかを確認してもらいたい。

4個未満　：健全なDR（ただし、改善の余地はある）
4～10個：典型的にダメなDR（DRをやっても問題の未然防止ができない）
10個以上：設計者を吊るしあげるDR

読者の企業のDR状況を再確認し、チェックが4個以上付く場合はDRの見直

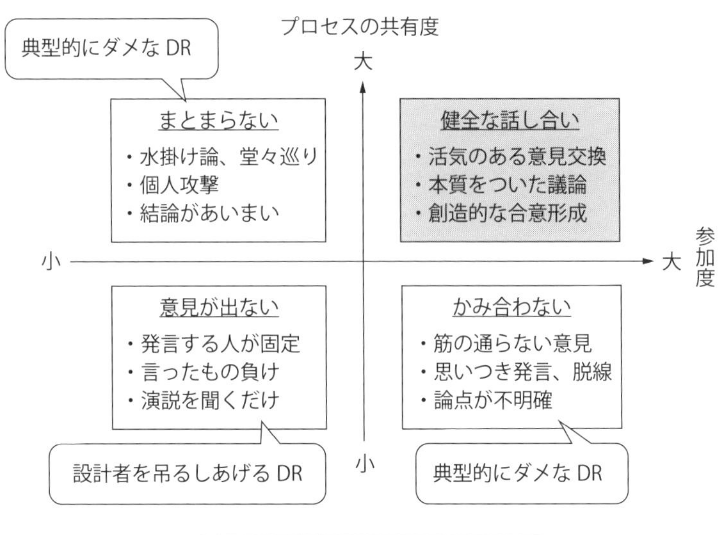

図表3-19　DR課題内容まとめ

しをしっかりと検討してほしい。それではDRの課題をまとめていこう。

健全な話し合い以外はあるべきDRではなく、フロントローディングの実現ができていないため、改善を図っていく必要があるだろう（**図表3-19**）。

(3) DRのあるべき方法

①会議体としてのDRの位置づけ

DRの定義でも説明したように、DRは問題点に対する対応策を議論する場である。企業で行われている全ての会議の内容を整理してみると**図表3-20**のようになる。DRにあたる会議体は「課題解決会議」と「方針検討会議」である。それ以外の会議体はDRにあたらないと考えてよい。

②DRの運用方法

DRを実施するためには、準備が重要であり、DRの場で課題に対する対応策を検討できる状況を作り上げなければならない。準備からDR後までをフローに描いたので解説していこう（**図表3-21**参照）。

	報告会議	情報収集会議	承認会議	方針検討会議	課題解決会議
準備	アジェンダ	アジェンダ	アジェンダ	アジェンダ	アジェンダ
	会議資料	会議資料	報告資料	報告資料	報告資料
会議開始	会議目的・会議の目標確認	会議目的・会議の目標確認	会議目的・会議の目標確認	会議目的・会議の目標確認	会議目的・会議の目標確認
STEP1	報告	背景・目的確認	承認依頼事項説明	背景・目的確認	現象確認
STEP2	質問・回答	要求情報内容確認	承認内容説明	選択肢の説明	問題点確認
STEP3		ヒアリングによる情報収集	質問・回答	選択肢の評価基準説明	要因分析
STEP4			承認判断	選択肢評価	対策検討
STEP5				選択肢の決定	対策決定
STEP6					実施計画検討
会議終了	決定事項確認	決定事項確認	決定事項確認	決定事項確認	決定事項確認

本来のDRの会議内容

図表3-20　企業の会議体まとめ

A：DR準備段階

DRの準備段階で必要な内容は、DRの実施対象や目的、どのような議論をするのかを設定することである。これは後ほど解説するが、DRの主眼やチェックポイントがまとまっていると運用しやすいだろう。各参加者がDRのチェックポイントを事前に理解しておくことにより、DRの運営がしやすくなる。そのチェックポイントに基づき、設計者は事前に検討会を行う。設計グループでチェックポイントに対して提出する資料が適切かどうかを確認するのだ。

また、DRに提出するべき資料がフォーマット化されていて、作成する内容が標準化されている方が設計者への負担が軽くなる。標準化されていなければ、都度設計者が資料の内容を検討しなければならず、設計者による資料の違いにより、DR参加者は資料を確認しにくくなってしまう。DRの仕組みを構築する段

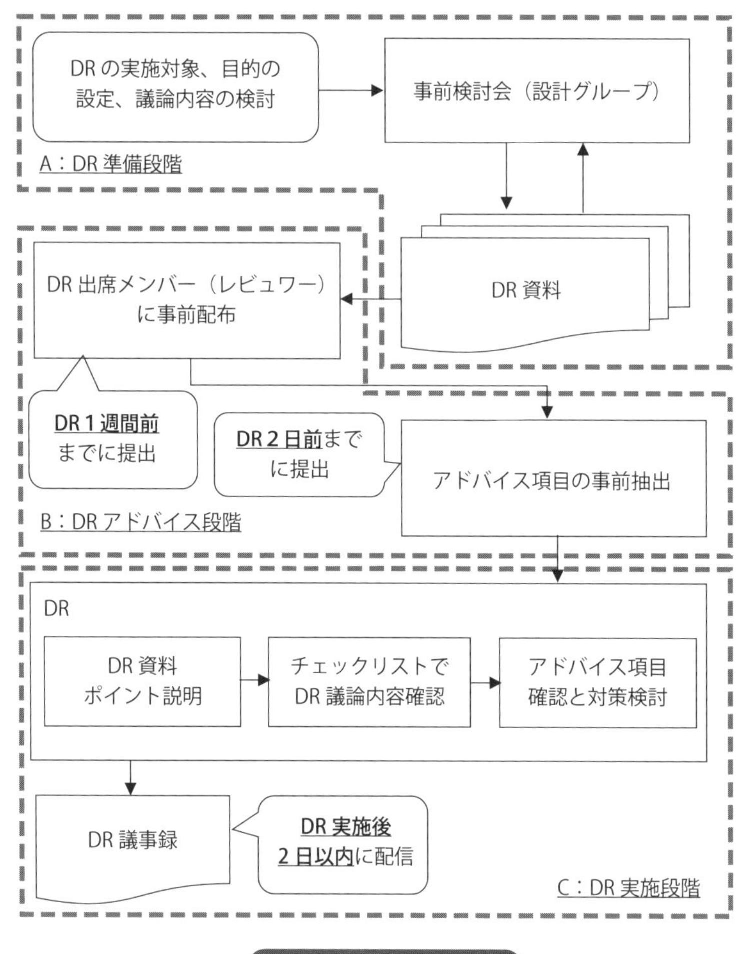

図表3-21　DRフロー

階で提出されるべき資料の標準化を検討してほしい。

B：DRアドバイス段階

資料の作成完了後、DRが開催される「1週間前まで」にレビュワーと呼ばれるDR参加者に資料を事前配布する。この事前配布が非常に重要であり、DRの場で設計内容を解説するのではなく、事前に資料を配布することで、参加者が事前に内容を把握できる。事前に内容を理解することにより、DRでの設計内容を説明する時間を削減する。レビュワーによって、能力や知識が異なるにもかかわらず、DRで一定の説明しかしないとなると理解力に差異が生まれ、アドバイス項目にも差が発生してしまうだろう。その差が発生しないよう事前配布を行い、レビュワーは事前に内容を確認し、アドバイス項目を抽出しておく。

ここでいうアドバイス項目とは、設計の課題内容やリスクのことである。そのアドバイス項目を設計者に「2日前まで」にフィードバックする。設計者はアドバイス項目をDRまでに確認し、アドバイス項目に対する回答を準備しておく(回答ができずに方向性を含めて議論しなければならない内容は残しておく)。

C：DR実施段階

まずは事前に配布した資料のポイントを解説していく。時間にして10分程度とする。その後、議論するべきポイントを再確認するため、DRチェックリストの内容を参加者全員で確認する。議論内容が全員で共有できた時点で事前にフィードバックを受けたアドバイス項目に対して議論していく。DRでの議論の中心は「アドバイス項目の内容とその対応策」であり、設計者の説明会ではない。しっかりと対応策について議論し、結論まで導き出さなければならないのだ。全てのアドバイス項目に対して議論が終了すれば、DRを完了とする。

DRの時間は設計内容のボリュームにもよるが2〜3時間程度に収めてほしい(3時間以上集中して議論することは難しいだろう)。また、DRを運営する上で注意してほしいポイントを下記の内容にまとめたので確認してほしい。

DRの進め方

・資料は読み上げずに事前に配布する。もしくはレビュワーがその場で黙読し、設計者が要点を解説する。

・議論は口頭内容を板書し、視える化する。

・議論の口頭情報、要点をまとめ、板書する。

・議長はファシリテーターとして議論を進め、まとめる。
⇒議論の進行役と板書役をわける。

・DRにはノートパソコンの持ち込みを禁止とする（内職禁止)。ただし、データを確認できるようタブレットは持ち込み可とする

DR中はぜひ議論に集中し、その議論の内容が空中戦にならないよう進めてほしい。DRでの議論が終了したら、次の内容で締めくくってほしい。

DRの締めくくり

・決定したことと実施すべきこと、未決定事項を確認する。
・課題内容については、担当者、期限を明確にする。
・板書内容を元に議事録を作成、発行する。
　⇒発行は翌日、遅くても2日後までとする。
・必要に応じて次回のDR日程を決定する。
・実施事項の進捗確認を実施する。

重要なのは、DRで決定した内容を再度確認することである。議論の途中で決まった内容に対して、全員同じ認識をしているとは限らない。認識を合わせるために、「決定したことと実施すべきこと、未決定事項」の3点は確認するようにしてほしい。その後、それらの内容を議事録にし、「2日以内」に参加者全員に配信する。参考までに**図表3-22**にDR議事録のフォーマットを示す。議事録に

デザインレビュー議事録						(／) 作成日：　年　月　日		
件名：		(DR　　)						
DR 項目 NO	NO.	アドバイス項目 (発言者名を記入のこと)	重要度	対策検討期限	対策検討G	対策内容	対策確認日	対策確認結果

当項目は部内業務として登録・管理される

↳後日記入

図表3-22　DR議事録

は対応策を実践する担当者と期限が示されているため、進捗の確認もぜひ実施してほしい。進捗確認者は設計者の上長である課長もしくは部長クラスの管理職が実施した方がいいだろう。実践の結果、さらに問題が発生し、全員で議論するべき内容が発生した場合は再DRを実施し、全員で方針を決定する。

(4) DR実施タイミング

DRは各設計段階のチェックゲートのような役割を担っているため、設計の最終段階で確認する必要がある。よって、下記の4つの段階となる。

①企画DR（受注生産品：受注DR）
②基本（構想）設計DR
③詳細設計DR
④量産設計DR

それぞれのDRについて概要を説明していこう。

①企画・受注DR

この段階のDRは設計開発にインプットしてよいかどうかを決定するためのDRである。企画内容や概略構想が市場にマッチしていなかったり、設計開発のリードタイムが短すぎたりする場合は見直しが入り、再企画DRとなる。安易にDRを承認してしまい、設計開発に入ってから解決できないような問題が発生した場合、設計開発を中止せざるを得なくなり、大きな損失となってしまうだろう。慎重にリスクを見極め、確認する必要がある。また、受注生産企業の場合は顧客から要求されている内容が自社で設計製造可能なのかどうか、その仕事が企業にとって利益があるのかを確認し、承認する必要がある。

②基本（構想）設計DR

企画・受注DRを受けて、各設計の目標値（品質や性能など）を達成できる見込みのある構成やシステムになっているのかを確認しながら、抽出したリスクに対し、適切に対応できているのかを確認していく。また、目標原価に対しても達成の見込みや目標原価とのギャップに対しての対応策が適切かどうかを確認していく。詳細設計に入って、全体的な構成やシステムに問題があった場合に大きな手戻りとなってしまうため、しっかりとリスクを抽出しておいてほしい。

詳細設計に入ると試作型を製作しながら、試作品を作っていくことになるため、基本（構想）設計への手戻りは最小限に留めなければ大きな損失に繋がる。

③詳細設計DR

詳細設計は、基本（構想）設計を受けて、部品図に展開し、試作、評価を実施していく。各部品に割り当てられた目標値が達成可能なのかを確認しなければならない。また、試作品を製作することで、コストの見積もり精度が大幅に向上しているため、目標原価に対するギャップもしっかりと確認していってほしい。

評価については、目標値に到達していたとしても、評価項目に妥当性があるのか、評価回数や基準が適切かどうかを確認してほしい（たまたま評価結果がよかったのでは、市場に投入後クレームに繋がってしまう可能性がある)。機能的な視点だけではなく、製造的な視点でも議論が必要である。目標値を達成できていたとしても工場の機械1台のみしか製造できず量産できなければ、販売できなくなってしまう。製造的な視点は製造側からの意見も出すことが必要である。

④量産設計DR

詳細設計後、全部品の目標品質、性能が達成できている状況から量産した場合の問題点を抽出する。特に量産でのバラツキによって、品質や性能が低下しないかどうかを確認しなければならない。また、量産設計では生産ラインが完成しているため、生産段階での工数も検証していく。量産設計DRにて全てのリスクが解消できていれば、量産への承認を行い、量産に移管していく。

4つのDRを確実に実行し、リスクを抽出しながら設計への対応策をしっかりと議論していく。それぞれのDRで議論するべき詳細な内容は、次のDRチェックリストに示すので、確認してほしい。

(5) DRチェックリスト

DRチェックリストは、DRで議論するべき内容やポイントを整理し、参加者全員が同じ方向の議論を可能にするための仕組みである。チェックリストがない場合、設計者から提出された資料が議論の中心となってしまうため、提出された資料で抜け漏れがないのかが分からない。

不具合やクレーム内容の多くがこの議論されていない部分で発生している。新規設計部分や技術的難易度が高い部分については、設計者やその他の部門全員が「リスクあり」と感じているため、徹底的に議論しているだろう。しかし、その他の部分で思いもよらないリスクがあった場合、議論の対象にあがっていないことが多い。リスクがDRの議論の対象外にならないように、チェックリスト内容を確認してほしい。それでは、各DRのチェックリストを確認していこう。

①企画・受注DRのチェックリスト

DRの主眼

企画DR

A：市場からのニーズが抽出できているか

B：市場ニーズと商品コンセプト・概略構想が合致しているか

C：売価と原価が適切か、スケジュールに無理はないか

受注DR

A：要求仕様内容を詳細に分析できているか

B：見積内容と価格、構想内容に問題はないか

C：納期までのスケジュールに無理はないか

DRのチェックポイント

a1：商品企画書（量産品）

・商品コンセプトは市場ニーズをとらえているか

・コンセプトキーワード（ニーズの詳細抽出）は適切か

・売価、原価、販売計画に無理はないか

a2：要求仕様書（受注生産）

・要求仕様から顧客ヒアリングでのニーズ抽出はできているか

・見積内容は要求仕様が適切に反映できているか

・売価、原価、納期までのスケジュールに無理はないか

b：流用元の選定・カスタマイズ領域・概略構想

・適切な流用元を選定できているか

・仕様モジュールで選択しているバリエーションに間違いがないか

・カスタマイズの機能と顧客のニーズは合致しているか

c：リスクの抽出

・新たな設計内容でのリスクに対して、解決方法はあるか

・リスクを保有する場合、顧客への影響度は最小限になっているか

②基本（構想）設計DRのチェックリスト

DRの主眼

A：顧客に付加価値が提供できていて、競合他社と差別化できているか

B：目標値を達成可能な見込みのあるシステム・構造になっているか

C：リスクに対する対応策に問題がないか

DRのチェックポイント

a：QFD

・設計目標値に問題がないか（必達目標、努力目標がともに設定できているか）

・競合他社との機能・性能の差別化ができているか

b：設計仕様書

・設計方針が正しいか（顧客や市場からの要求と整合性が取れているか）

・使用するべき技術内容に問題がないか

c：流用元の選択

・適切な流用元を選択できているか

・流用元で発生している不具合やクレームがないか

d：変化点管理

・変更点・変化点の洗い出しが正しく行われているか

・市場での特異な使用方法が想定されているか

e：DRBFM

・他にも列挙するべき故障モードはないか

・設計での対応策に問題がないか

③詳細設計DRのチェックリスト

DRの主眼

A：試作評価結果が目標を達成できているか、また見込みがあるか
B：目標原価を達成できているか、また見込みがあるか
C：各部品のリスクに対する対応策に問題がないか

a：変化点管理と部品図
・影響マトリクスで変更点の影響を確認できているか
・詳細設計で追加された変化点管理の内容を確認し、抜け漏れがないか
・変化点管理に基づいて部品図が作成されているか

b：試作評価と結果
・試作品は部品図と同様であるか
・試作の評価内容が正しいか
・試作の評価結果が目標を達成しているか、もしくは目標を達成する見込みがあるか
・試作の評価基準が正しいか（過去の試作評価基準と比較）
・DRBFMで抽出した評価内容を実行しているか

c：3Dモデルの確認
・全体のレイアウトに問題がないか
・組立が可能な構造になっているか（生産技術や製造に確認）

d：その他
・仕様変更要求はないか、仕様変更があった場合正しく変更できているか
・目標コストを達成できているか
・先行的に発注しなければならない部品はないか（長納期品）
・製造部門からの要求は反映できているか

④量産設計DRのチェックリスト

DRの主眼

A：量産試作評価結果が目標を達成できているか

B：目標原価を達成できているか、また見込みがあるか

C：加工性、組立性に問題がないか

a：変化点管理と量産図

・量産設計で追加された変化点管理の内容を確認し、抜け漏れがないか

・公差・バラツキの根拠が明確になっているか

b：量産試作評価と結果

・量産試作品での性能・品質評価に問題がないか

・設計で設定した公差に対して、量産バラツキは十分か

・DRBFMで抽出した評価内容を実行しているか

c：取り扱い説明書

・顧客の使い方は十分に把握できているか、またその記載があるか

・PL法などの法律は十分に調査されているか、またその記載があるか

・顧客の特異な使用方法を考え、使用禁止事項に記載されているか

d：検査基準書

・検査内容が妥当であるか

・検査基準値に根拠があるか

・検査基準値をクリアした製品で性能・品質に問題がないか

e：組立性・加工性

・量産試作にて目標の組立・加工工数が実現可能か

・製造者によるバラツキはないか（バラツキの範囲内か）

・工程FMEAによるリスクは全て解決できているか

・協力会社の供給体制に問題はないか

このように全てのDRにおいて、DRの主眼とDRのチェックポイントを定め、全ての製品で使用できるチェックリストを作成してほしい。全ての製品だとチェック内容があいまいになるようであれば、製品カテゴリごとに区分してもい

いだろう。DRの議論内容を設計者に丸投げするのではなく、標準化することで、重要なリスクを抽出し、適切な対応策の議論が可能となる。

4）検図

(1）アンケートに基づいた検図の実態と課題

①自己検図しかできていない

部下：〇〇さん！ 検図をお願いします

上司：△△君。自己検図はやったのかね?

部下：はい！ 自己検図を実施し、間違いはありません

上司：では、私の判子はここにあるから押しておいてくれ。私はこれから会議なので、出図しておいてくれ

部下：はぁ。承知しました。捺印しておきます

結局、第三者の目に触れることなく、図面が出図されていく。結果、部品干渉や構造的な問題が発覚し、設計のやり直しが発生する。

②DRで図面をチェックする

担当：検図する時間がありませんでしたので、DRで皆さんに検図してもらおうと思い、全ての図面を持ってきました

同僚：図面枚数は何枚あるのですか？

担当：1000枚です

同僚：DRの時間だけでは無理ですよ

担当：でも出図納期は明日ですし

上司：1000枚図面を見ながら頑張ろう

最初の10枚程度は検図しながらDRを実施していたが、それだけですでに1時間経過してしまい、今日中に1000枚を検図するのは不可能ということになった。結果、図面は自己検図を信用し、担当者に任せた上で形だけのDRを実施して、出図に間に合わせた。

③アンケートによる調査結果

筆者が様々な企業にアンケートを取り、現在の検図の実態をまとめたものを紹介する（**図表2-23**）。

A：最終検図者

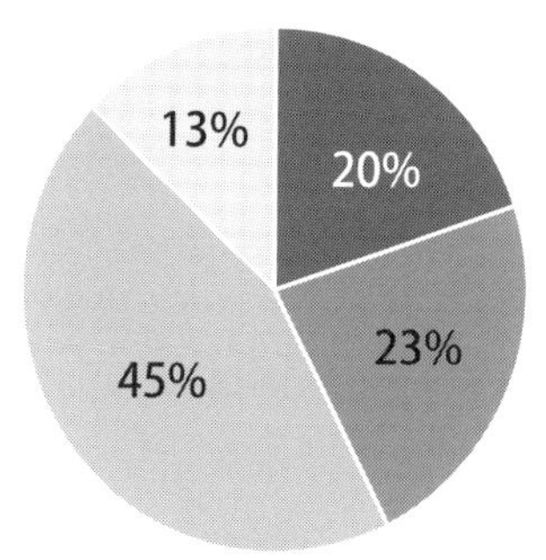

最終検図実施者

- 図面作成者 ：20%（自己検図）
- 同僚 ：23%
- 管理者 ：45%
- その他 ：13%

B：検図のタイミング

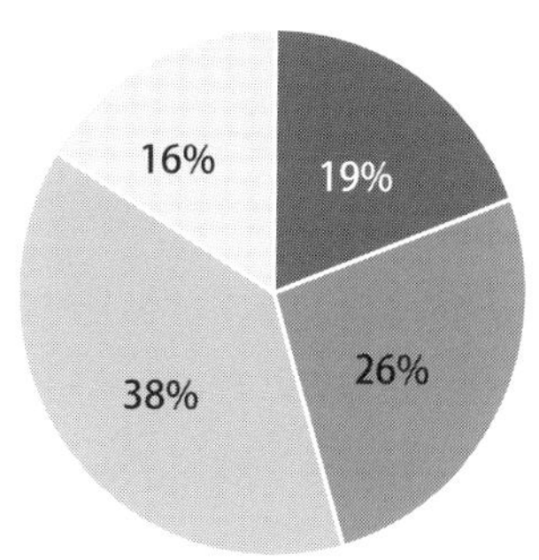

検図のタイミング

- 構想図段階：19%
- 組立図段階：26%
- 製作図段階：38%
- その他 ：13%

C：検図チェックリストの有無

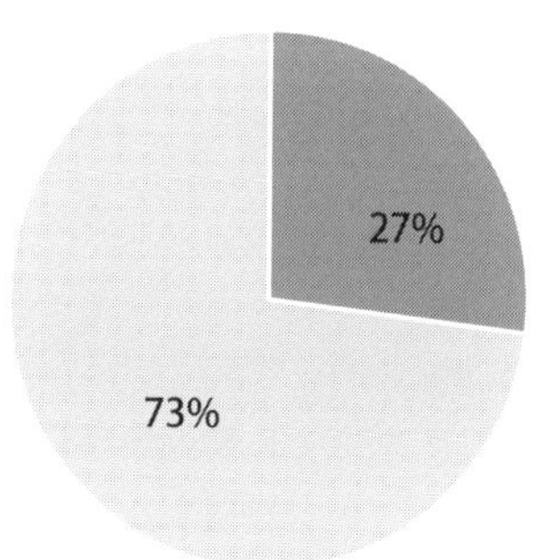

検図チェックリスト

- あり：27%
- なし：73%

D：検図上の課題

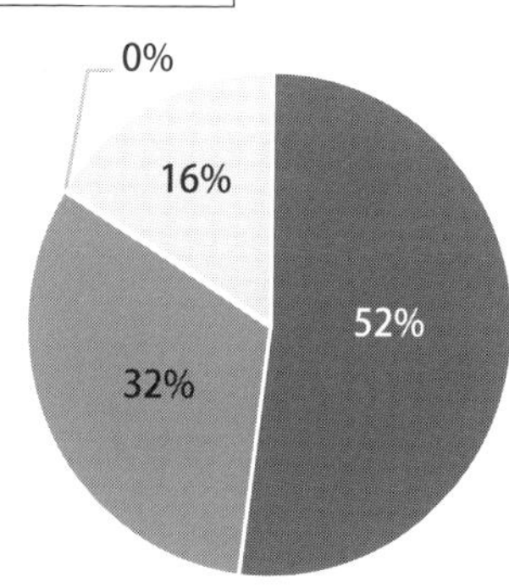

検図上の課題

- 時間がかかる ：52%
- ポイントが曖昧：32%
- 効果がない ：0%
- その他 ：16%

図表3-23 アンケート調査

A：最終検図者

なんと、最終検図実施者が管理者である割合は45％と、半分以下の結果となった。いかに上司が図面を最後に確認できていないかという事実が分かる。若い設計担当者のみの経験・ノウハウで出図していることになり、製造段階で多くの問題を引き起こす可能性がある。

検図者は、必ずしも上司である管理職である必要はないとは考えるが、経験・ノウハウを持ったメンバーが検図をし、機能・品質上問題がないこと、製造上問題がないことを確認する必要がある。

B：検図のタイミング

最も多い検図のタイミングは「製作図段階」となっている。製作図段階では、すでに構造・機構が決まっており、詳細な内容まで確定した後に検図していることになる。もしこの段階で、構造・機構に問題が発覚した場合、全てやり直しとなるため、出図納期、製品納期に間に合わなくなるだろう。

C：検図チェックリストの有無

検図チェックリストがない企業が多い。チェックリストがないと検図者が異なる場合、指摘内容に大きな差が発生し、図面品質が安定しない。

D：検図上の課題

検図の必要性は感じているものの、課題として「時間がかかる」「ポイントが曖昧」と答えている管理者が多い。チェックリストがないうえに検図の目的も検討しておらず、上記の課題が抽出されている。

このような課題をみてもわかるように、検図をフロントローディングの1つの仕組みとして活用できておらず、検図が「単なる図面の間違い探し」や「図面の承認行為」をする場となってしまっている。

(2) あるべき検図の方法と設計プロセス

検図は、各設計プロセス段階でアウトプットされる図面を検査する。多くの企業では最終図面のみを承認行為として検図していることが多いが、本来は構想図

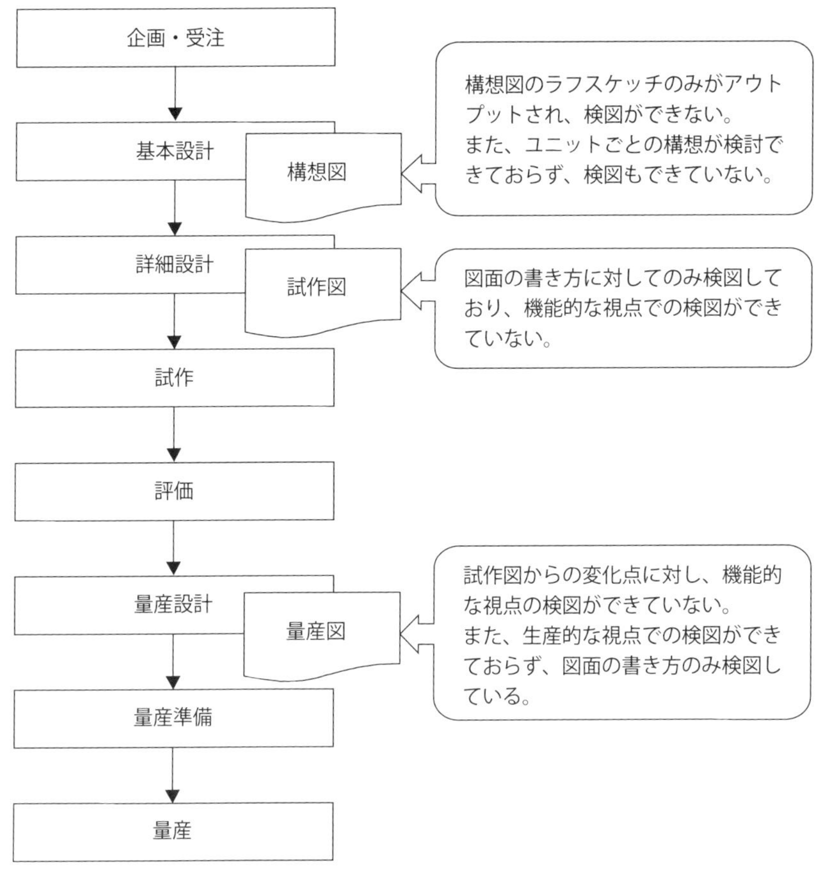

図表3-24　設計プロセスと検図のタイミング

や試作図についても検図しなければならない。**図表3-24**に課題内容と共に簡易プロセスを元に、あるべき検図の考え方をまとめたので解説していく。

量産開発方式の設計は2つの視点がある。「機能設計」と「生産設計」である。

機能設計：機能・品質の実現性を反映させた設計 生産設計：部品のばらつきを考慮し、組立容易性などを反映させた設計

設計で考慮する内容が異なれば、検図の視点は異なる。機能設計の中でも構想設計と詳細設計では考慮すべき内容が異なるため、検図の視点が異なる。それでは各プロセスにおける検図の重要ポイントを確認していこう（**図表3-25**）。

あるべき検図の方法と設計プロセスまとめ

設計部門の現状の課題と開発方式の検図の仕組みから考えられる、現状の検図の課題とあるべき検図についてまとめる。

①検図は1回（詳細設計後）だけではなく、各設計の段階で必要である。設

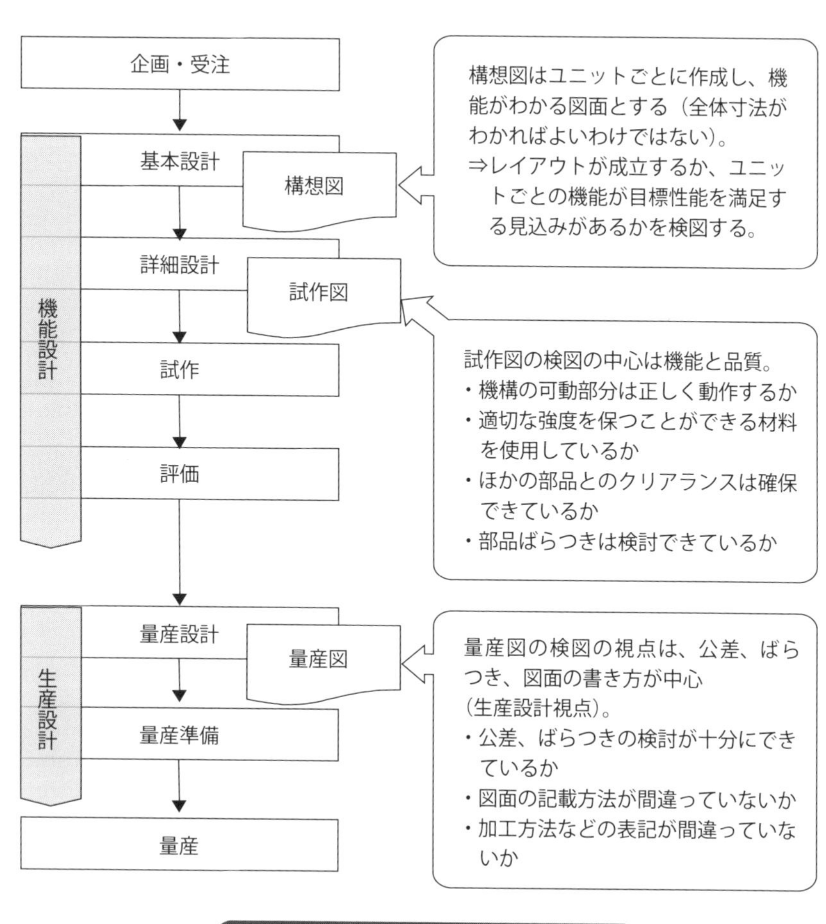

企画・受注
基本設計
構想図
詳細設計
試作図
試作
評価
機能設計
量産設計
量産図
量産準備
生産設計
量産
構想図はユニットごとに作成し、機能がわかる図面とする（全体寸法がわかればよいわけではない）。
⇒レイアウトが成立するか、ユニットごとの機能が目標性能を満足する見込みがあるかを検図する。
試作図の検図の中心は機能と品質。
・機構の可動部分は正しく動作するか
・適切な強度を保つことができる材料を使用しているか
・ほかの部品とのクリアランスは確保できているか
・部品ばらつきは検討できているか
量産図の検図の視点は、公差、ばらつき、図面の書き方が中心
(生産設計視点)。
・公差、ばらつきの検討が十分にできているか
・図面の記載方法が間違っていないか
・加工方法などの表記が間違っていないか

図表3-25　検図で考慮するポイント

計者が作成する図面は複数種類（構想図、試作図、量産図など）あり、それぞれ目的が分かれている。その目的に合わせた検図が必要である（現状は目的別に分けた検図ができていない）。

②検図の視点は、図面の書き方だけではなく、機能・品質面において確認する必要がある。

③検図チェックリストは各検図の段階に合わせて作成する必要がある。上記で説明したように検図内容が異なるためにチェックリストも区分する必要がある。

④検図者は設計者自身だけでなく、検図マスターのようなベテランに確認してもらう必要がある。その製品の経験・ノウハウを持っているベテランが確認することが可能な仕組みを構築することにより、検図品質が向上・安定する。

(3) 検図チェックリスト

各段階で検図を行うためには、先ほど解説したように検図者による指摘ポイントが変わらないようにチェックリスト化し、着目する内容を標準化しなければならない。また、検図する際に重要なのは、右手に図面を持った時に図面を確認するために「左手に持つもの」である。検図者は設計者がどのような設計を目指しているのか、設計者の意図なども確認しなければならない。その内容を全て設計者から口頭で確認することもできないため、資料などで確認しながら検図を進めていく必要がある。左手に持つ検図をするための準備物と、各段階におけるチェックポイントをまとめたので確認してほしい。

構想設計完了段階での検図内容【第1の検図】

1. 検図の準備物

1）企画仕様書or 要求仕様書

2）設計仕様書（企画仕様書or要求仕様書をブレイクダウンした資料）

3）目標性能・目標品質

4）過去製品からの流用部分を明確にした資料

5）新規設計部分を明確にした資料

6）DRBFM

7）3Dモデル

8）紙図

2．検図内容のポイント

1）設計仕様書の設計方針と図面が合致しているか

2）目標性能・目標品質が確保可能な見込みがある図面になっているか

3）過去の流用部分の品質が確保できているか

⇒市場不具合を対策した内容が織り込まれているか

4）DRBFMの対策結果が織り込まれているか

5）レイアウトに無理がないか

6）ユニット・アセンブリ間の干渉はないか

7）基本（構想）設計DRで抽出した課題に対応できているか

詳細設計完了段階での検図内容【第2の検図】

1．検図の準備物

1）設計仕様書

2）各ユニットに割り当てられた目標性能・目標品質

3）過去製品からの流用部分を明確にした資料

4）新規設計部分を明確にした資料

5）試作評価の結果

6）公差一覧表

7）DRBFM

8）3Dモデル

9）紙図

10）試作品

2．検図内容のポイント

1）設計仕様書の設計方針と図面が合致しているか

2）目標性能・目標品質が確保可能な図面になっているか

3）過去の流用部分の品質が確保できているか

⇒市場不具合を対策した内容が織り込まれているか

4）DRBFMの対策結果が織り込まれているか

5）試作評価結果が図面に織り込まれているか

6）部品間の干渉がないか

7）公差を正しく設定できているか

8）第1回目の検図の課題事項が解決された内容が織り込まれているか

量産設計完了段階での検図内容【第3の検図】

1. 検図の準備物

1）設計仕様書

2）過去製品からの流用部分を明確にした資料

3）新規設計部分を明確にした資料

4）量産試作評価の結果

5）公差一覧表

6）取り扱い説明書（注意書きも含む）の内容

7）梱包設計内容

8）標準書（手本図）

9）DRBFM

10）3Dモデル

11）紙図

12）量産試作品

2. 検図内容のポイント

1）組立図

(1) 部品間の干渉はないか

(2) 組図と部品図の整合性は取れているか

(3) 部品交換が可能なスペースがあるか

(4) 組み立てが容易であるか（生産技術に確認してもらう）

(5) 公差が正しいか

(6) 量産試作評価の結果が反映されているか

2）部品図・加工図

(1) 量産試作ばらつきは考慮されているか

(2) 加工の形状に矛盾はないか

(3) 加工が容易であるか（生産技術に確認してもらう）

(4) 材料の選定は適切か

(5) 表面粗さの指示記号は記入されているか

(6) 溶接の指示記号は記入されているか

(7) 焼き入れ位置の指示はされているか

3) 図面の書き方に対する内容

(1) 指示記号に誤記がないか

(2) 図面の配置は適切になっているか

(3) 断面図は適切な面に設定されているか

(4) 中心線は入っているか

(5) 用途によって正しい線を使っているか

(6) 部品番号が記入されているか

(7) 寸法は記入されているか（抜け漏れがないか）

(8) 設変した場合、改訂番号が記入されているか

(9) 図面作成のための標準書ルールに沿って記載されているか

(4) 自己検図

①間違った自己検図方法（現状の自己検図方法）

自己検図をどのように進めていったらいいのか、悩んでいる設計者は多くいる。設計者の声として、「自己検図ができない」「自己検図をやっても上司に指摘される」「自己検図の進め方が分からない」などさまざまな悩みを抱えている。

自己検図の目的は、検図と同じく「QCDを満たす図面となっているか」を確認することである。検図と目的は同じだが、検図では確認できない部分が存在する。それは「自分自身が検討した設計意図通りの図面となっているのか」という部分である。検図では様々な準備物が必要だと説明した。それは設計意図を検図者に伝えることが目的であり、その設計意図を確認しながら、検図を進めていく必要がある。しかし、設計内容のすべてを準備物に示すことは非常に難しい。最低限、設計の意図を示した上で検図を行うが、設計意図の確認はやはり自己検図でしかできないのだ。その書き表せない部分を自己検図でぜひ確認してほしい。

また、自己検図には役割がもう一つある。それは若手設計者が自分自身の設計の癖を理解し、見直していくことである。図面には設計者自身の癖が必ず表れる。その癖が会社の図面の書き方のルールに沿っていれば問題はないが、実際はそのルールから外れていることがほとんどである。その内容を自己検図で確認し、修正しなければならない。そうでなければ、検図で指摘され修正することになり、いつまでたっても検図・図面修正に時間がかかってしまう。検図の時間を短縮化する意味でも自己検図の役割は非常に大きい。まずは現状の間違った自己検図の方法を紹介しよう。

A：チェックリストを使用せずに自己検図！

過去に設計者が間違った内容、間違いやすいポイントを項目としてチェックリストを設定し、自己検図の際には必ず使用しなければならない。常に同じ内容だからといって、全ての項目を覚えているとは限らない。このような自己検図のやり方では図面品質がいつまでたっても安定せず、間違った図面が出図される確率が高い。

いつも同じ内容の自己検図チェックリストで確認しているし、頭に入っているから、チェックリストを使わずに自己検図しよう。

B：製図ルールのチェックのみ実施

機能が十分に満足できていると考えているのは設計者だけではないだろうか？ 客観的な見方をした場合、機能が満足できていないことに気づくことがある。自己検図は図面作成直後ではなく、時間をおいて図面を確認すると重大な間違いに気づく場合もあるため、製図ルールだけではなく、機能面についても検図が必要である。

顧客のA様から要求されている機能は十分に満足できているし、図面の書き方だけチェックしておこう。

①自己検図チェックリストの作成

機能設計視点と生産設計視点

②自己検図の実施（自己検図チェックリストを使用）

□ミスが発生した段階
□ミスが発生した要因

この２つのポイントを記録する

③自己検図のチェック

◆ミスの要因解析

・設計能力不足・経験不足
・CAD 操作能力不足
・計算ミス・表記ミス
・インプット情報理解不足
・設計根拠不足

④自己検図チェックリストへのフィードバック

発見したミス、発見できなかったミスを記録し、チェックリストを改良する

設計者の保存したチェックリストを上司が解析する。
設計能力不足については全体に教育し、設計能力の向上を図る

図表3-26　プロセスの全体内容

以上のような自己検図をしていないだろうか。先ほども述べたが、自己検図は検図の時間を短縮する役割も持っているため、非常に重要な位置づけにある。そのことを認識したうえで自己検図を実施してもらいたい。

②自己検図の進め方

自己検図を進めていく上でのプロセスを紹介する。自己検図も検図と同じようにプロセスを構築し、その手順通り実施することが重要である（**図表3-26**）。

この4つのプロセスを繰り返す必要がある。このプロセスに従って自己検図をしていくことにより、設計者の弱点や癖が明確になり、対策を都度検討していくことにより、図面品質が向上する（**図表3-27**）。

このPDCAサイクルを確実に回していけば、設計者の図面品質は向上していく。先ほども解説したように第三者による検図は大きなリスクを排除するものであり、細かい間違いなどの全ての問題点を排除することは難しい。プロセスに従って、自己検図の精度を高めていってほしい。

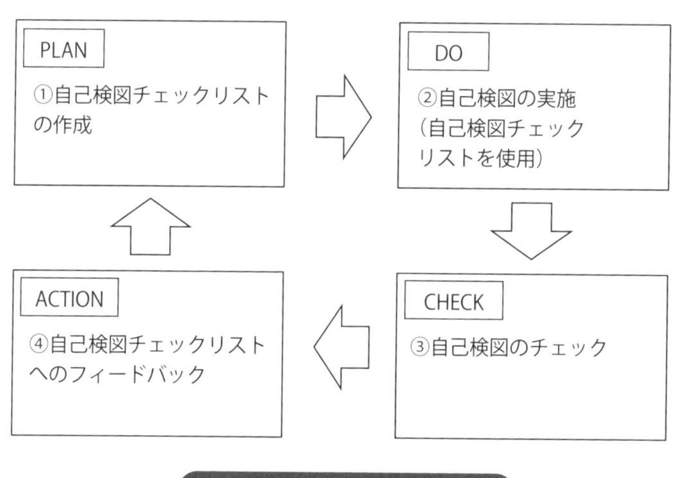

図表3-27　PDCAサイクル

第3章まとめ【4つの品質ツール】

1. 4つの設計品質ツールが重要なわけ

設計開発プロセスを推進させ、問題の未然防止によりフロントローディングを実現させるためには、①変化点管理、②DRBFM、③DR、④検図が重要である。設計品質ツールはさまざま存在するが、今の設計手法（流用設計）に当てはめると問題の未然防止に最も効果があるツールとなっている。この4つのツールなくして、フロントローディングの実現は困難である。設計開発プロセスを構築する際には必ず4つの設計品質ツールの仕組みも同時に構築してほしい。

2. 4つの設計品質ツールの繋がり

4つのツールのうち、最初に実施しなければならないのは、①変化点管理である。変化点管理をインプットとし、設計開発プロセスを推進していく。変化点管理で抽出した情報を元に設計開始前にDRBFMにてリスクを抽出し、その対応策をあらかじめ検討しておく。その対応策を設計にインプットし、設計品質を高める。また、各プロセス完了後には、DRにて設計内容に問題が無いか、根拠があるかを含めて確認し、他の問題点がないかを抽出すると同時に、設計のアウトプットで最も重要である図面を検図することにより、図面上に描かれている内容が設計の意図通りなのかを確認し、次のプロセスに移行する。よって、設計のインプット段階とアウトプット段階において問題点がないよう確認することが、設計品質を向上させるために非常に重要である。

1）変化点管理

変化点管理を実行するために必要なプロセスは、「①製品全体像の把握、②E-BOM（設計BOM）の確認、③変更点と変化点の抽出、④機能の抽出」である。流用元の選定およびカスタマイズ領域を明確にしながら、設計変更の可能性があるユニットやアセンブリを抽出しておく。想定したユニットやアセンブリに対しての変更点と変化点を設定する。その際の視点は、4つの視点（設計の視点、使用環境・条件の視点、材料の視点、製造工程の視点）にしたがって設定していく。その変更点と変化点の部品の機能を列挙しておき、DRBFMに繋げる。

2）DRBFM

変化点管理の情報を元にリスクとなる故障モードを抽出していく。故障モードの重要な考え方は、「機能の喪失」であり、変化点管理で列挙した機能が喪失するような故障モードは何かを検討する。やみくもに故障モードを抽出してはいけない。

故障モードの抽出が完了したら、故障モードの原因要因を調査し、さらに顧客への影響を考える。顧客の影響が大きい（顧客がケガをするなど）故障については、必ず対策を検討しなければならない。設計者が対策を検討し、最終的にDRでDRBFMを確認してもらい、DR参加者から他の問題がないか、もしくは設計者の考えた対応で問題がないかどうかを確認していく。その対策内容を設計にインプットすることで設計品質を向上させ、問題の未然防止を実現する。

3）DR

DRは、設計内容を審査し、改善を図るための手法である。そのため、DR内で対策を検討しなければならない。多くのDRが設計内容の審査や問題点の抽出のみに終わっており、対応策は設計者に丸投げされてしまっている。それではDRの意味がない。DR内で対応策が議論できるようDRの仕組みを構築してほしい。

DRでは、問題点と対応策が議論できるように事前に資料を配布しておく必要がある。事前に配布された資料を参加者は確認し、事前に問題点を抽出しておく。事前に抽出された問題点に対してのみDRで議論することで、非常に効率的かつ集中して対応策について議論することが可能となる。

また、各DRで議論するべき主眼とチェックポイントをまとめておくことにより、議論の方向性が定まりやすい（ムダな議論にならない）。このような仕組みを構築し、DRを単なるイベントではなく、問題の未然防止を実現するツールとして使用してほしい。

4）検図

検図は「図面の間違い探しや誤記の指摘」ではなく、市場や顧客から要求されている内容が実現できている図面になっているかを確認することである。検図は品質を担保するための最後の砦であり、DRと同様に問題の未然防止を実現するためのツールとして使用してほしい。

検図で確認するべきなのは、最終段階の図面だけではなく、構想図や試作図も検図の対象である。各設計開発プロセスの段階（基本設計、詳細設計、量産設計）のアウトプット段階で検図を実行しなければならない。また、各段階で確認するポイントが異なるため、チェックリスト化し、検図の着眼点を標準化することも忘れてはならない。

第三者による検図での確認の仕組みをまとめてきたが、自己検図も問題の未然防止には重要なツールである。自己検図は設計者自身が間違いやすいポイントを確認し、過去にミスをした内容などを再び発生させないようにしなければならない。よって、設計者各個人で検図チェックリストを作成し、検図を実施していき、自己検図の精度を高めていってほしい。このように自己検図の仕組みを構築し、単なる図面の誤記訂正から脱却を図ってほしい。

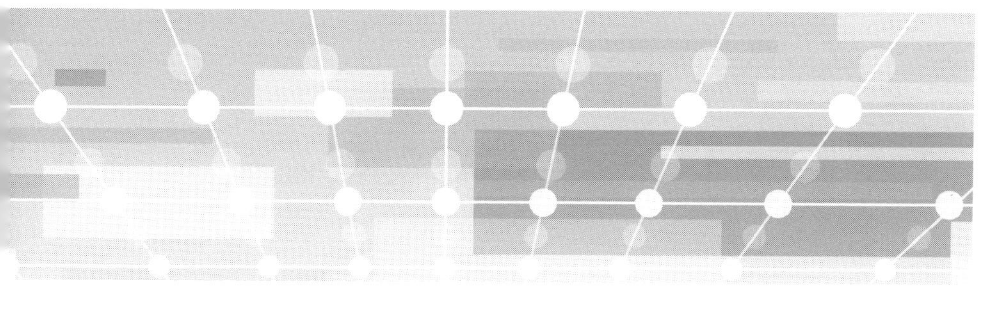

第 4 章

設計ノウハウの使い方と蓄積方法

1 技術ノウハウとは

この世の中にない製品を最初に開発する時は、技術的内容が設計者の頭の中に残されていることが多い。企業としては、新しい技術に対して、競合他社に真似をされないよう特許化する、ブラックボックス化するなどのさまざまな対応を行っているだろう。その企業が保有してきた技術はどのようなタイミングで活用されているのだろうか。答えは、製品を流用し、開発する時である。すなわち、知らない間に過去の技術を活用しているのだ。第1章でも解説したが、過去の技術ノウハウを知った上で活用しようとも図面しか残っておらず、詳細が分からないのが現状ではないだろうか（**会話4-1**）。そのような状況にならないためにも技術ノウハウをしっかりと蓄積していくことを考えなければならない。それではまず技術ノウハウの定義から考えていこう。

会話4-1

コア技術って言われても、図面しかないのでわかりませんよ。過去の技術を調べて活用しろ！と言われて困っています

確かにその通りだ。仮に調査して分かったとしても、正しく活用できているかはわからんかもしれんな

技術ノウハウの定義
その企業にとって重要なコア技術の視える化ができており、そのコア技術がいつでも活用できる状態にあるノウハウのこと

技術ノウハウは、活用できる状態にあるコア技術である。しかし、仮にコア技術がドキュメントなどにまとまっていたとしても、そのコア技術をどのようにして活用するべきなのかが設定されていなければ、技術ノウハウとして蓄積できていることにはならない。技術ノウハウをしっかりと活用できる仕組みを構築しなければならない。

2 技術ノウハウの蓄積方法

1) 設計者の意識改革

多くの設計者は自分自身が設計した構造や、そのアウトプットである図面を、「素晴らしい内容だ」と自負しているだろう。もちろん、中には他人では思い付きもしないようなアイデアが含まれている構造も実在する。しかし、他人には分からないような非常に難しい構造や、生産性が悪いような構成になっている製品も多くある。それは、設計者が様々な機能を自分でしか思いつかないような構造にしようと思っているからであり、その製品を今後、他人が流用することなどはまったく考えていない。このような意識では、仮にドキュメントに残したところで、活用できる状態にはならないだろう。

技術ノウハウを活用していくためにはまず、設計者の意識を改革していくことが必要となる。設計者の心得は下記の通りとなる。

「自分にしか分からない構造や構成は、設計者の『エゴ』である。自分にしか分からない、できないではなく、誰でも設計ができる分かりやすい簡単な

構造で設計せよ！」

皆さんはこの考え方が理解できるだろうか。私が前職で設計をしている時に常に言われてきたことである。自分が部署を異動したとしても、同じ設計の結果になるように設計のストーリーを構築し、そのストーリーが簡単に理解できるような構造や構成にする必要がある。これからの時代はこのような考え方を持った設計者が必要である。自分にしか分からない構造や構成を構築するのは、設計者ではなく、職人である。

もちろん、設計の職人を否定しているわけではない。しかし現代では、製品に求められるニーズや機能が多様化しているため、職人1人で全て設計できる製品はごくわずかである。設計チームで製品を創造しなければならない時代に、一匹狼で設計をしているようでは、良い製品を作ることはできないだろう。今までよりもさらに設計をチームで行う仕事の進め方、意識の変革が必要となっている（**会話4-2**）。

もう一点、重要な考え方が流用設計に対する意識である。

会話4-2

もう私のような職人は必要ないのだ。私も含め、真の設計者となるために、会社全体の最適解を検討しながら、製品の構成を検討していかなければならないのだ

私も先輩に頼り切ってしまっているところがあったかもしれません。設計内容についてもっと議論する必要がありそうですね

顧客のニーズに合わせて新規に部品を作るのではなく、既存の部品を組み合わせることで顧客のニーズにあった製品を作り上げる！

私はこの考え方が非常に重要だと思っている。新しい顧客ニーズが発生した場合、その都度新しい部品を作っていてはキリがなく、今までの設計の在り方である都度設計と何も変わらない。そうならないように、既存の部品を組み合わせることで顧客ニーズを達成できる手段はないか、考えることが重要である。

2）コア技術の考え方

読者の皆さんが普段設計している製品には、コア技術があると思っているだろうか。私はコンサルタントという立場で様々な製造業へ出向くが、上記のような質問をすると多くの企業では、「当社が強みと言えるような技術はありませんね」と言われる。

しかし、果たしてそうだろうか。強みと言える技術＝コア技術がなく、何十年も企業として事業を継続し、存続できるだろうか。その答えはノーである。強み

会話4-3

コア技術って、そんなに大切なんですね。知らずに使用していました

設計くん

コア技術を理解した上で使用するのと知らない状態で使用するのでは、リスクが内在する可能性が全然違うのだ

プロセスマン

もなく継続できる企業は存在せず、必ず淘汰されていく。このような発言をする技術者がその企業のコア技術を視えていないだけで、必ずコア技術は存在するのだ（**会話4-3**）。

問題はコア技術が存在するものの、視える化ができていない点にあると考えている。現在の設計でもコア技術は必ず使用している。流用元を選択した時点でその会社に存在するコア技術を使用しているのだ。知らずに使用しているところに多くのリスクを抱えている。そのリスクとは、コア技術の内容を知らずに流用しているため、変えてはいけない部分を変えていることがあるというものだ。すると、製造段階で多くの問題が発生し、図面修正や構造変更などの可能性がうまれる。そうならないためにもコア技術を設計者全員が知る必要があるのだ。

3）コア技術の定義

コア技術は、下記のように定義される。

製品の中で最も重要な機能や性能を実現するための「核」となる技術のこと。コア技術により、競合他社との差別化や市場での優位性を確保できる。

このコア技術が市場に浸透し、差別化や優位性を保つことができなくなると、その技術は〈汎用技術〉に格下げされ、当たり前の技術となる。しかし、技術的には簡単な技術であってもモノ造りが難しい、すなわち単品は生産することが可能だが、量産になると生産性が極端に落ちるなど、生産する技術として価値がまだ存在している技術も存在する。また、汎用技術、付加価値を付け加えることにより、汎用技術からコア技術に格上げされる技術も存在するだろう。

たとえば、エンジン（内燃機関）の燃焼技術があげられる。燃焼させ、力を出すだけの構造はまさに汎用技術である。しかし未だに自動車メーカーでエンジンの研究が続けられているのは、単に燃焼させるだけではなく、いかに「効率的に」燃焼させることができるか、その部分がコア技術だと考えられているからである。この「効率的に」の部分を開発しようとすると、汎用技術として定義していた構造から見直しを行わなければならなくなる。

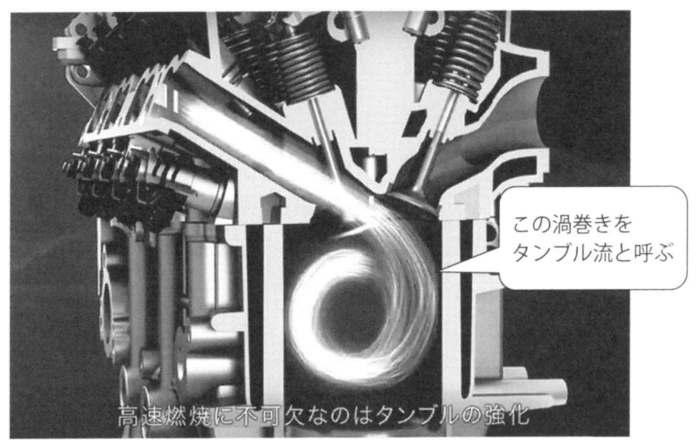
この渦巻きを
タンブル流と呼ぶ
高速燃焼に不可欠なのはタンブルの強化

※引用：トヨタ自動車直列4気筒2.5L直噴エンジン-Dynamic Force Engine-

図表4-1　タンブル流の図解

具体的にはどのような内容だろうか。過去の自動車のエンジン開発での熱効率の推移を見てみると、1960年代では熱効率が25%程度（負荷領域で熱効率は異なる）のエンジンであったが、2018年ではまだ実験段階であるものの50%を超える熱効率のエンジンが誕生している。約60年あまりで2倍以上向上している。そこには様々な技術要素があり、熱効率を2倍にさせるための手段がまさにコア技術となるのだ。その技術の一部を紹介しよう。

熱効率を最大化するためには、タンブル流という技術要素が欠かせない。いかに強いタンブル流を造り出せるかにより熱効率は大きく変わる。タンブル流というのは、筒内で渦巻き状になった混合気のことで、超希薄（リーンバーン）な混合気でも点火をし、爆発させることが可能となるのだ（**図表4-1**）。

4）コア技術の体系化

コア技術はどのようにまとめていくのだろうか。コア技術のまとめ方をタンブル流という技術で考えてみよう。

コア技術は「この技術がコア技術です！」と言うだけでは誰もが使用できる状態にはならない。各製品でどのような技術があるか、体系的にまとめる必要があ

技術項目名	項目の概要
要素技術	求められる機能が実現可能な技術の根本的な内容
構造技術	要素技術を実現するための特別な構造的内容
制御技術	構造を効率的に動かすための制御的な内容
材料技術	構造に求められる性能を最大限発揮するための特別な材料的な内容
評価技術	構造内容を確認するための評価内容
生産技術	生産するために必要な加工技術や組立技術内容

図表4-2 コア技術項目

る。また、体系化をするためにはコア技術の区分を分けなければならない。どのように区分するのかを**図表4-2**に記載したので確認してほしい。

このようにコア技術がどの技術に分類されるのかを製品ごとに検討していく。部品点数の多い製品については、ユニットやアセンブリ単位で分類する方が抽出しやすいだろう。

そして、最も重要なのが、各項目におけるコア技術をどのように抽出し、体系的にまとめるかということである。筆者が過去設計者であった時の経験と現在のコンサルタントでの経験から、最短かつ効率的に抽出する方法を紹介する。その方法とは「機能系統図」と呼ばれるツールを使用したコア技術の抽出である。この「機能系統図」は、モジュールを構築するときにも使用する手法であり、この章のコア技術の解説部分では、機能系統図からコア技術抽出の内容について解説する。機能系統図の定義は下記のようになっている。

> 対象製品を取り上げて、その全てについて機能間のつながりの方式を決定しながら、明確にし、設計仕様に至るまで機能のつながりを演繹的に展開していく手法のこと。

図表4-3のように製品に求められる機能（基本機能）があり、その基本機能から機能を細分化していく。基本機能を成立させるためには複数の機能が求められる。たとえば、自動車を例にとって考えてみよう。

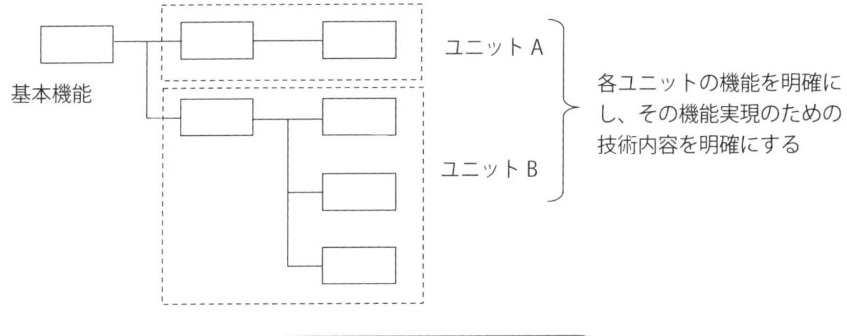

図表4-3 機能系統図概要

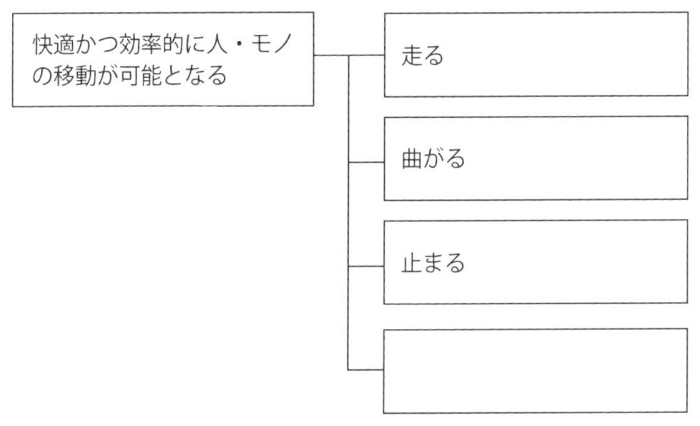

図表4-4 自動車の機能系統図

図表4-4の最後の空欄は何になるだろうか。今まで自動車で求められてきたことは、「快適・効率的に人・モノの移動が可能となる」製品で、その機能を実現させるためには、3つの機能が必要であった。その3つの機能とは「走る、曲がる、止まる」である。

しかし、近年、この3つだけでは、顧客ニーズが満たせなくなってきた。それは「効率的に」の部分である。「効率的に」を実現させるために、今では3つの基本機能に加えて、「つながる」という機能が追加されてきているのである。IoTが進化していく中で、自動車も1つのシステム製品として捉えると、インターネットにつながり、今よりもさらに効率的に使用できる製品でなくてはならない。というわけで、図表4-4の空欄の解答は「つながる」である。

このような機能系統図から、その機能を実現するための具体的な構造はないか？ 制御はどのようにしているか？ を検討していけば、その製品が保有しているコア技術が視えてくる。先ほど解説したように自動車のように部品点数が多い製品の場合は、図表4-3で示したような機能系統図ではコア技術を抽出することが難しいため、さらに下位の機能の部分に焦点を当てなければならない。

それではタンブルを発生させるための吸気系ユニットについて、コア技術を抽出してみよう（**図表4-5**）。この機能系統図を見てもわかる通り、「空気の流速を上げる」という部分が重要な機能であり、コア技術の部分である。空気の流速をあげなくとも、エンジンの負圧のみで、空気はエンジン内に吸気されるため、エンジンから出力を出すこと自体は可能である。しかし、熱効率や性能などの顧客から要求されているニーズをすべて満たすためには、「空気の流速を上げる」ことが必要となる。この機能系統図を例に様々なメンバーで議論をしながら、コア技術が存在するか確認してほしい。

コア技術の抽出が終われば、あとはユニットごとに**図表4-6**のようなマトリクスにまとめていく。たとえば、今回のタンブル流ではどのような技術が存在するだろうか。トヨタ自動車から発表されているエンジンの内容を考えていくと、次のような技術があるだろう。

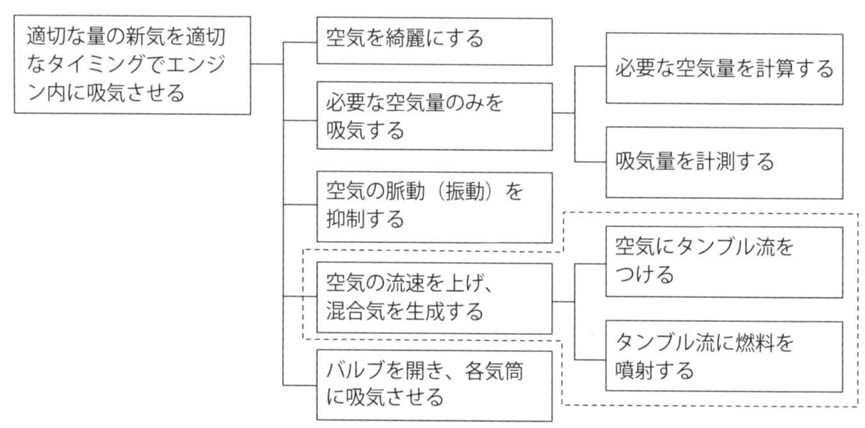

図表4-5 吸気系ユニットの機能系統図

		製品開発技術					
		要素技術	構造技術	制御技術	材料技術	評価技術	生産技術
吸気システム	タンブルユニット	タンブル流	バルブ狭角拡大	燃料量可変制御		インジェクタ噴射シミュレーション	バルブ溶接技術

図表4-6　吸気系ユニットコア技術マトリクス

図表4-6を確認してほしい。材料技術の部分のみ空白となっている。これはコア技術となるような新しい材料の使用や配合をしているわけではないため、空白となっているのだ（このようにマトリクスを無理に埋める必要はなく、ユニット全体から抽出できる技術のみ記載してほしい）。

5）コア技術の詳細内容

コア技術の体系化にて、各ユニットの技術を明確化した。これは本でいう目次のようなもので、各ユニットにどのようなコア技術があるのかを視える化しただけである。モジュール化をする際には、コア技術のさらに詳細な内容が必要となる。また、実際の業務で使用されるためにも、どのような技術があって、変更してはならない部分がどこなのかを設計者が見るだけでわかる必要がある。詳細内容をどのように記載するべきなのかを解説する。

コア技術の詳細内容を知るために必要な項目

①コア技術名

②コア技術が実現可能な機能

③コア技術の詳細内容

④コア技術を活用した製品例

⑤コア技術実現のための設計内容、評価内容

先ほどから例にあげているエンジンのコア技術詳細内容は、どのような内容になるだろうか。一例をあげると、次のようになる。

①【コア技術名】

バルブ挟角拡大

②【コア技術が実現可能な機能】

タンブル流の強さを2倍以上にすることにより、燃焼効率の向上を可能とする（熱効率40％以上）。

③【コア技術の詳細内容】

・従来エンジンバルブ挟角31°を41°に変更（拡大）。

・ポート形状を変更。

・タンブル流に向かって燃料を噴射する。

この2つの技術により、従来エンジンよりもタンブル流の強さが2倍以上となった。また、このポート形状は、エンジンバルブの一方からしか空気をシリンダー内に取り込まないようにした。

バルブ狭角拡大
バルブ狭角約41°
IN
EX

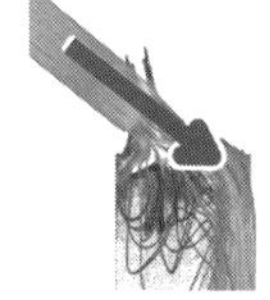

※引用：トヨタ自動車直列4気筒2.5L直噴エンジン-Dynamic Force Engine-

④【コア技術を活用した製品例】

2.5Lダイナミックフォースエンジン

⑤【コア技術実現のための設計内容、評価内容】

バルブ挟角を○○〜○○まで評価。

最もタンブル流が発生しやすい挟角を調査。タンブルの技術については、以前開発調査したエンジンの評価結果を参考にした。

トヨタ自動車が発表している内容から、筆者がそのコア技術をまとめていくと上記のようになると考えている。次世代のエンジンを開発する担当者は、このようにまとめたコア技術の内容を確認しながら、顧客や市場ニーズにマッチするエンジンを開発していくこととなる。

6）コア技術の使い方

ここまでまとめることができれば、あとは活用方法をまとめるだけである。コア技術を使用する際に重要なのが、③【コア技術の詳細内容】と⑤【コア技術実現のための設計内容、評価内容】である。この2つのポイントからコア技術を使用する際のポイントをまとめていく。先ほどのトヨタ自動車のタンブル流の事例から活用方法を考えてみよう。

コア技術の活用方法

③【コア技術の詳細内容】

・従来エンジンバルブ挟角31°を41°に変更（拡大）。

・ポート形状を変更。

・タンブル流に向かって燃料を噴射する。

⑤【コア技術実現のための設計内容、評価内容】

バルブ挟角を○○～○○まで評価。

最もタンブル流が発生しやすい挟角を調査。タンブルの技術については、以前開発調査したエンジンの評価結果を参考にした。

⑥【コア技術の使用方法】

・従来よりも強いタンブル流を発生させる基準を41°以上とする。

⇒ただし、41°に関しては実績があるが、○○°以上の実績は存在しないため、使用時には調査が必要である。

・タンブル流と同時に使用しなければならない技術としては、下記の2点とする。

A：新ポート形状

B：噴射角度□□

これらの条件と合致する場合はコア技術を使用可能とする。

3 技術ノウハウの蓄積プロセス

技術ノウハウを蓄積するための方法として、設計者が思いついた都度まとめているようでは、全ての技術ノウハウを抜け漏れなく蓄積することはできないだろう。プロジェクトでまとめたとしても一過性に終わってしまい、プロジェクト終了後、蓄積しない期間が続いてしまった結果、技術ノウハウが陳腐化してしまうこともある。このような状態にならないためにも、設計開発の都度、技術ノウハウを蓄積するような仕組みを作らなければならない。

また、その技術ノウハウを蓄積し、しっかりと教育できる状況も作らなければならない。「技術ノウハウのデータベースを構築したから、そのデータベースを読んでおけ！」では、誰も読まないし、実務に使用しなければならないタイミングでしか活用しないだろう。それでは若手設計者の育成ができず、能力向上に繋がらない（**会話4-4**）。では、設計の都度技術ノウハウを効果的に蓄積するため

会話4-4

技術ノウハウって、データベースにまとまっていなくて、古い紙の資料しかないんですよね。正直、読んだことがないんですよね……

技術ノウハウは常に刷新し、使える状態にしなければならない。特に若手にはしっかりと熟読できるようなデータベースの構築が必要だ！

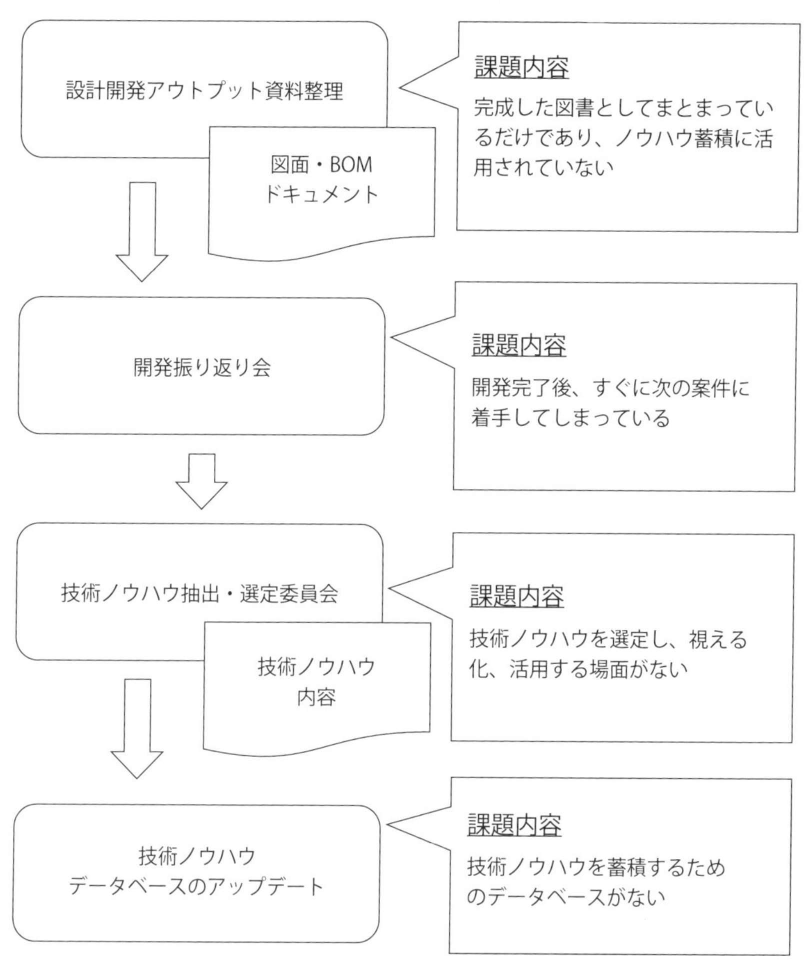
設計開発アウトプット資料整理
図面・BOM
ドキュメント
課題内容
完成した図書としてまとまっているだけであり、ノウハウ蓄積に活用されていない
開発振り返り会
課題内容
開発完了後、すぐに次の案件に着手してしまっている
技術ノウハウ抽出・選定委員会
技術ノウハウ
内容
課題内容
技術ノウハウを選定し、視える化、活用する場面がない
技術ノウハウ
データベースのアップデート
課題内容
技術ノウハウを蓄積するためのデータベースがない

図表4-7　技術ノウハウ蓄積プロセスと課題内容

にはどのような仕組みが必要なのだろうか。その仕組みを解説していこう。

技術ノウハウの蓄積プロセスは**図表4-7**のようになる。そのプロセスに多くの企業が抱える課題内容も合わせて記載したので確認してほしい。それでは、それぞれのプロセス内容を解説していく。

1）設計開発アウトプット資料整理

(1) 設計開発データ保存体系

読者の皆さんは、設計開発終了後、使用したさまざまなドキュメントを整理しているだろうか。また、整理しながら設計開発を進めているだろうか。それぞれの企業によってデータのまとめ方は異なるものの、1つのフォルダにデータをまとめることはしているだろう。しかし、その集計方法が設計者ごとに異なっていたり、フォルダ構成が異なっていたり、他の設計者がフォルダを確認してもデータをすぐに見つけることが困難な状況になっていたりしないだろうか。

このような状況にならないためにも、まずは標準的なデータを保存するためのフォルダ体系を構築してほしい。たとえば、次のようなフォルダ構成（**図表4-8、4-9**）である。各設計で実施するべきプロセスに従ったフォルダ構成にしておく。このようなフォルダ構成にしておくことで、フォルダを順にたどるうちに設計開発プロセスを自然と理解でき、誰でもデータを探しやすい状況を構築できる。ぜひ、プロセス通りにフォルダ体系を整理してみてはどうだろうか。

(2) 設計開発アウトプット資料

まずは、(1) で解説したフォルダに各種データを保存する整理をしてほしい。その上で、末端のフォルダに入っているドキュメントを収集していく。先ほど解説した構想段階であれば、次のようなデータを集める。

①商品企画書or要求仕様書

②概略設計内容

③概略構想図

④QFD

⑤機能系統図

⑥設計方針・技術の選択内容

⑦製品スペック・諸元

⑧変更点・変化点内容

⑨DRBFM

⑩設計ストーリー

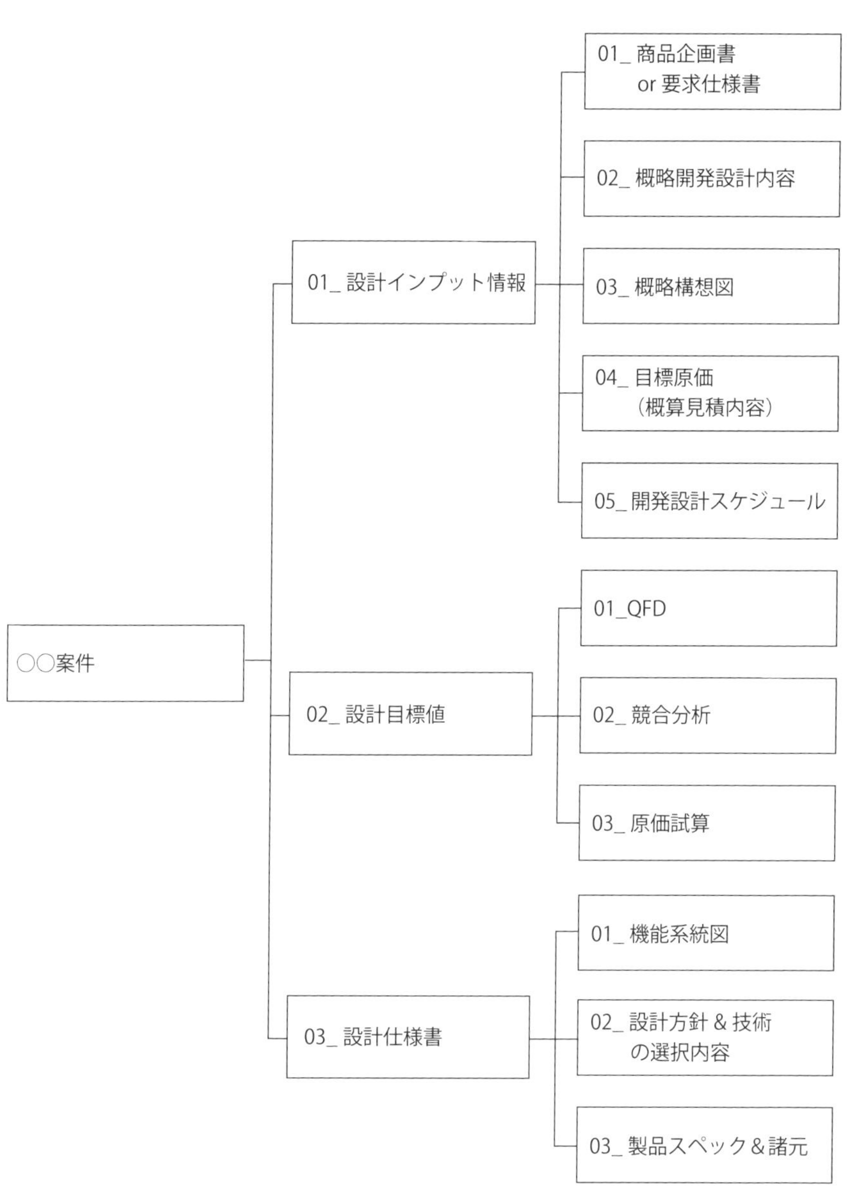

図表4-8　構想設計段階でのデータ保存フォルダ体系

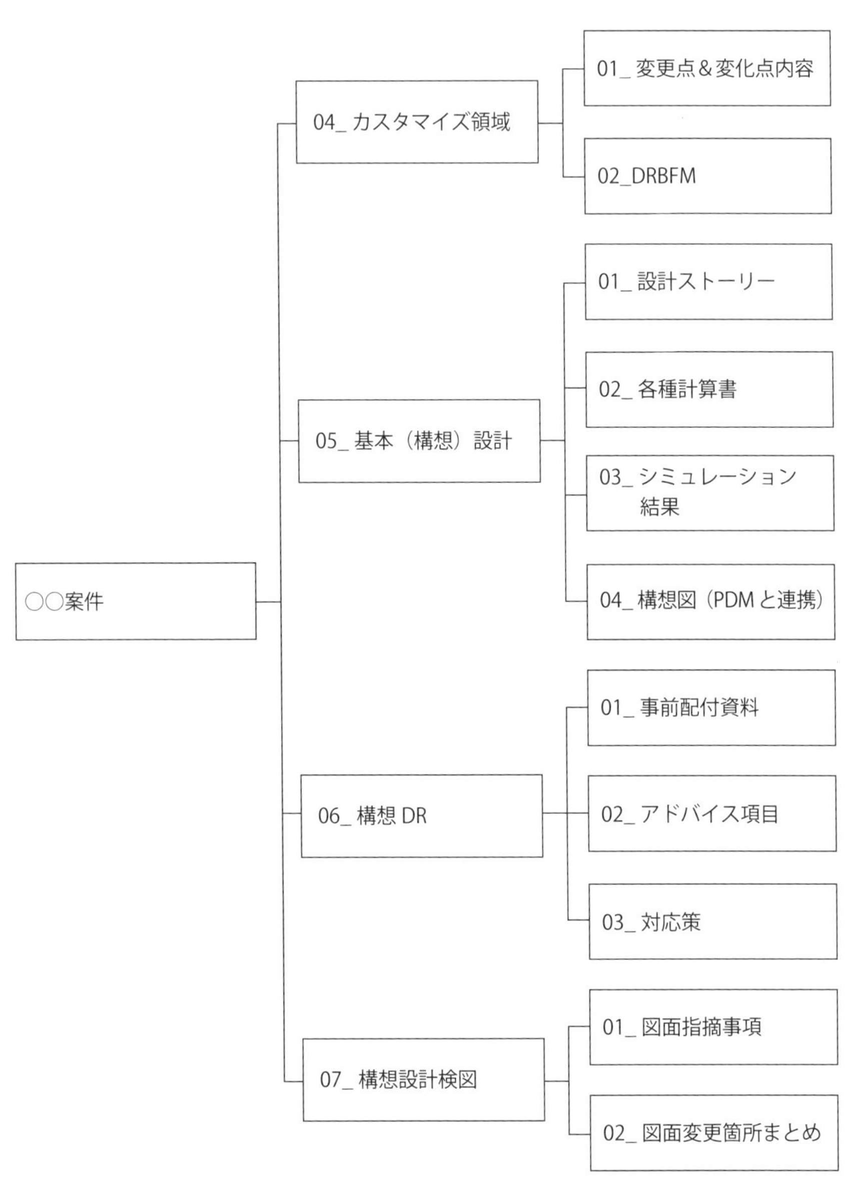

図表4-9　構想設計段階でのデータ保存フォルダ体系

⑪各種計算書

⑫シミュレーション結果

⑬構想図

⑭構想DRでの課題に対する対応策

⑮図面指摘事項

2) 開発振り返り会

開発振り返り会は、抽出したドキュメントを会の参加メンバー全員で確認しながら、技術ノウハウとなりそうな内容を選択していく会である。特に新しい技術や新しい構造部分にはコア技術が含まれているため、活用方法も含めて検討していく。参加メンバーは、設計開発担当者と他の設計グループから選定されたメンバー10人程度が望ましい（**会話4-5**）。

100円ライターの例では、点火時の酸素量を増加させるためにカバーに穴をあけた内容が新しいコア技術であり、この活用方法（穴の大きさや評価結果を確

会話4-5

「技術ノウハウを抽出しろ！」って言われても1人では難しいですよね。でも他の先輩方も一緒なら抽出できるかもしれません

設計くん

設計者は自分の技術に自信を持っているものの、なかなか表立って抽出しようとはしないものだ。他の設計者からの推薦があってこそ、技術ノウハウとして抽出できるものだ

プロセスマン

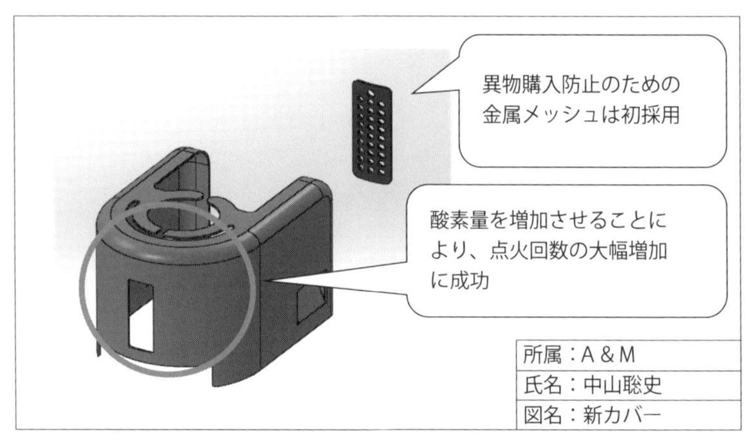

図表4-10　100円ライターの金属メッシュ構造

認）も具体化されている（**図表4-10**）。このような内容を選定し、技術ノウハウを抽出し、選定会議に提出する。注意点としては、設計者が考えたコア技術のみを抽出するのではなく、コア技術を活用した結果や具体的な構造、寸法なども含めて列挙する必要があることである。

3）技術ノウハウ抽出・選定委員会

技術ノウハウ抽出・選定委員会は、各設計グループから抽出された技術ノウハウを確認し、データベースに取り入れるかどうかを判断する会議体である。各設計グループから技術ノウハウ抽出・選定委員会メンバーを選定し、定期的に開催してほしい。この委員会も10人程度で構成すると運用しやすいだろう。技術ノウハウへのアップデート選定は、下記のような内容で検討してほしい。

技術ノウハウ選定の考え方

①顧客に対して付加価値が高いか（意味的価値があるか）

②競合他社が実施していない内容か

③特許になっているか、もしくは特許性があるか

④自社にとって初めての設計内容か
⑤他の製品に流用できる内容か（活用内容が具体化されているか）

選定の考え方として、優先順位が高い順番に並んでいる。特に顧客に対してどのような付加価値があるのかを明確にしなければならない。

4）技術ノウハウデータベースのアップデート

先ほど解説したコア技術項目に従い、アップデートする技術ノウハウをまとめていく。今回抽出した技術がコア技術項目のどの内容にあたるのかを検討し、データベース化していく（**図表4-11**）。また、コア技術の内容は、次の①～⑥の項目で整理しておくと、技術ノウハウを調査する際に探しやすいだろう。

コア技術詳細内容に必要な項目
①コア技術名
②コア技術が実現可能な機能
③コア技術の詳細内容
④コア技術を活用した製品例
⑤コア技術実現のための設計内容、評価内容
⑥コア技術の使用方法

技術項目名	項目の概要
要素技術	求められる機能が実現可能な技術の根本的な内容
構造技術	要素技術を実現するための特別な構造的内容
制御技術	構造を効率的に動かすための制御的な内容
材料技術	構造に求められる性能を最大限発揮するための特別な材料的な内容
評価技術	構造内容を確認するための評価内容
生産技術	生産するために必要な加工技術や組立技術内容

図表4-11　コア技術項目

技術ノウハウデータベースのアップデートは、先ほどの技術ノウハウ抽出・選定委員会メンバーが実施する。アップデートが完了した時点で全設計者に新しい技術ノウハウが追加された内容を連絡し、現在進んでいる、もしくは今後開発する製品に活用してもらう。

また、新しい技術ノウハウが5個以上蓄積した時点で、若手設計者（入社から3年程度）への教育計画を委員会で立案する。委員会メンバーが講師となって、若手設計者に技術ノウハウの内容をしっかりと教育してほしい。先ほども述べたように技術ノウハウデータベースを読んだだけでは、実践で活用できない。多くの原因は技術ノウハウを深く理解していないためである。そのような状況にならないためにも定期的な技術ノウハウの勉強会を開催してほしい。

第4章まとめ【技術ノウハウ】

1. 技術ノウハウとは

技術ノウハウの定義として、「その企業にとって重要なコア技術であり、視える化ができており、いつでも活用できる状態にあるノウハウのこと」である。技術ノウハウは単にコア技術を抽出するだけではなく、その使用方法や活用方法もまとめておかなければならない（コア技術をまとめるだけであれば、特許化されている内容をまとめるだけでよい）。重要なのは、コア技術をいつでも誰でも使用できる状態にすることである。

2. 技術ノウハウの蓄積方法

1）設計者の意識改革

職人としての設計者の考え方では、せっかくの付加価値のあるコア技術であっても、その職人しか使用できない状況になってしまう。そうならないように、

「自分にしか分からない構造や構成は、設計者の『エゴ』である。自分にしか分からない、できないではなく、誰でも設計ができる分かりやすい簡単な構造で設計せよ！」の考え方で設計を進めていかなければならない。

2）コア技術の考え方

企業が存続している以上必ずコア技術が存在する。そのコア技術を設計者は知らない間に使用しているのだ。特に今の設計のあり方である流用設計で使用している。コア技術を知らずに使用すると、多くのリスクを抱えてしまう可能性があるため、正しいコア技術の使い方を理解し、設計を進めていく必要がある。

3）コア技術の定義

コア技術の定義は、「製品の中で最も重要な機能や性能を実現するための「核」となる技術のこと。コア技術により、競合他社との差別化や市場での優位性を確保することが可能となる」ものである。

4）コア技術の体系化

コア技術は「要素技術、構造技術、制御技術、材料技術、評価技術、生産技術」の6つの項目でまとめていく。このコア技術を抽出するには、機能系統図から検討するのが一番の近道である。この項目を各製品やシステム、ユニットで整理し、マトリクス表にもまとめていく。

5）コア技術の詳細内容

コア技術の体系化で検討した項目の内容を細分化していく。それぞれのコア技術の詳細内容は、次の項目を記載していく。

①コア技術名

②コア技術が実現可能な機能

③コア技術の詳細内容

④コア技術を活用した製品例

⑤コア技術実現のための設計内容、評価内容

6）コア技術の使い方

抽出した内容と、実現のための設計内容、評価内容から、コア技術の使用方法を定めていく。使用方法が具体化されてこそ、技術ノウハウとして蓄積すべき内容になり、将来の設計開発に活用できる状態となるのだ。

3. 技術ノウハウの蓄積プロセス

1）設計開発アウトプット資料整理

案件終了後、設計開発データを決められた保存方法に従い、保存していく。その保存方法は設計開発プロセス順にフォルダ体系を設定すると分かりやすいだろう。保存後、技術ノウハウを選定するためのドキュメントを抽出していく。

2）開発振り返り会

設計開発アウトプット資料整理のさまざまな設計者で確認し（10人程度が望ましい）、技術ノウハウかどうかを検討していく。特に機能的な観点であったり、新しい技術内容を確認しながら、技術ノウハウを抽出していく。

3）技術ノウハウ抽出・選定委員会

各設計者から提出された技術ノウハウを、「技術ノウハウ抽出・選定委員会（各設計グループから選定されたメンバー10人程度が望ましい）」で技術ノウハウとして蓄積するべきかどうかを検討していく。特に検討しなければならない点は、「顧客に対しての付加価値」があるかであり、この付加価値が高ければ高いほど、他製品への展開を図るために技術ノウハウとして蓄積する必要がある。

4）技術ノウハウデータベースのアップデート

技術ノウハウのデータベースに選定された技術ノウハウをアップデートしていく。データベースはコア技術マトリクスで構成し、誰でもすぐに検索し、確認できる状態とする必要がある。また、技術ノウハウがアップデートされたら、全設計者に連絡するとともに若手設計者への教育計画も立案する。技術ノウハウ抽出・選定委員会のメンバーが講師となって、若手設計者を教育していく。

あとがき

1人の設計者で製品を設計しているのであれば、設計開発プロセスなどは必要ないかもしれない。しかし今の時代に求められる製品では、たとえ設計を1人で実施していたとしても、その設計内容を検討するメンバーや設計内容を検証する設計者など、多くの人たちが設計に参加することが求められる。そのプロセスで実現しなければならない姿はフロントローディングであり、設計開発を進めていく中で自然とフロントローディング化≒問題の未然防止が実現できる仕組みが必要になってくる。

今の設計者はただ単に設計だけではなく、多くの業務を実施しなければならず、負担が大きくなってきている。そのような中で製造工程や市場に出た製品に問題が起きてしまうと、問題の対応に追われて、設計に工数を割けなくなってしまう。そのような状況の中でも企業は新製品や顧客の要望に答えなければならず、フロントローディング化できていない企業では、設計者が疲弊してしまっている。そのような状況にならないよう設計開発プロセスをしっかりと構築し、問題の未然防止が実現できる設計品質ツールを使いこなせる仕組みを、今からでも検討してほしい。

多くの職業の中で設計という仕事を選んだ設計者の地位を向上させると共に、「設計開発」を楽しめる状況をぜひ構築してほしい。設計者に明るい未来を描ける一翼を本書で担えれば幸いである。

2022年8月

中山　聡史

索　引

著者略歴

中山　聡史（なかやま　さとし）

大阪府大阪市出身。関西大学機械システム工学科卒業後、大手自動車メーカーにてエンジン設計、開発、品質管理、環境対応業務等に従事。ほぼすべてのエンジンシステムに関わり、海外でのエンジン走行テストなども多く経験。現在、株式会社A&Mコンサルトにて製造業を中心に設計改善、トヨタ流問題解決の考え方を展開。理念である「モノ造りのQCDの80%は設計で決まる！」のもと、自動車メーカーでの開発～設計～製造、並びに品質保証などの経験を活かし、多くのモノ造り企業で設計業務改革や品質・製造改善、生産管理システムの構築などを支援している。
著書に『正しい検図』『実践！モジュラー設計』（いずれも日刊工業新聞社）がある。

実践！正しい設計プロセス
DRBFM・DR・検図を活用して、設計品質を向上させる　　NDC501.8

2022年８月31日　初版１刷発行　　定価はカバーに表示されております。

©著　者　中　山　聡　史
発行者　井　水　治　博
発行所　日刊工業新聞社

〒103-8548　東京都中央区日本橋小網町14-1
電話　書籍編集部　03-5644-7490
販売・管理部　03-5644-7410
FAX　03-5644-7400
振替口座　00190-2-186076
URL　https://pub.nikkan.co.jp/
email　info@media.nikkan.co.jp

印刷・製本　新日本印刷株式会社

落丁・乱丁本はお取り替えいたします。　2022　Printed in Japan
ISBN 978-4-526-08226-9